国家出版基金项目
NATIONAL PUBLICATION FOUNDATION

"十三五"国家重点出版物出版规划项目

光电子科学与技术前沿丛书

铁电陶瓷和单晶的光电转换机理

胡志高　李传青/著

科学出版社
北京

内 容 简 介

铁电、压电材料可以把外界的机械力转换为电信号,在通信、环境监测与军事对抗等领域具有广泛的应用。本书共 5 章,分别介绍了铁电材料的基本知识,钙钛矿结构氧化物的相变机制、光电响应及介电常数、相变点处材料结构及性质变化、相图及电子结构的关系,并对铁电材料的发展进行了展望。

本书可供凝聚态物理、材料科学以及信息科学等领域的研究生和科研工作者阅读参考。

图书在版编目(CIP)数据

铁电陶瓷和单晶的光电转换机理 / 胡志高,李传青著. —北京:科学出版社,2020.10
(光电子科学与技术前沿丛书)
"十三五"国家重点出版物出版规划项目 国家出版基金项目
ISBN 978-7-03-059851-6

Ⅰ.①铁… Ⅱ.①胡… ②李… Ⅲ.①铁电陶瓷②单晶 Ⅳ.①TM28②O7

中国版本图书馆 CIP 数据核字(2020)第 189252 号

责任编辑:许 健 / 责任校对:谭宏宇
责任印制:黄晓鸣 / 封面设计:黄华斌

科学出版社 出版
北京东黄城根北街 16 号
邮政编码:100717
http://www.sciencep.com

南京展望文化发展有限公司排版
苏州市越洋印刷有限公司印刷
科学出版社发行 各地新华书店经销
*
2020 年 10 月第 一 版 开本:B5(720×1000)
2020 年 10 月第一次印刷 印张:7 1/4
字数:126 000
定价:**90.00 元**
(如有印装质量问题,我社负责调换)

"光电子科学与技术前沿丛书"编委会

主　编　褚君浩　姚建年

副主编　黄　维　李树深　李永舫　邱　勇　唐本忠

编　委（按姓氏笔画排序）

丛书序

  光电子科学与技术涉及化学、物理、材料科学、信息科学、生命科学和工程技术等多学科的交叉与融合,涉及半导体材料在光电子领域的应用,是能源、通信、健康、环境等领域现代技术的基础。光电子科学与技术对传统产业的技术改造、新兴产业的发展、产业结构的调整优化,以及对我国加快创新型国家建设和建成科技强国将起到巨大的促进作用。

  中国经过几十年的发展,光电子科学与技术水平有了很大程度的提高,半导体光电子材料、光电子器件和各种相关应用已发展到一定高度,逐步在若干方面赶上了世界水平,并在一些领域实现了超越。系统而全面地梳理光电子科学与技术各前沿方向的科学理论、最新研究进展、存在问题和发展前景,将为科研人员以及刚进入该领域的学生提供多学科交叉、实用、前沿、系统化的知识,将启迪青年学者与学子的思维,推动和引领这一科学技术领域的发展。为此,我们适时成立了"光电子科学与技术前沿丛书"编委会,在丛书编委会和科学出版社的组织下,邀请国内光电子科学与技术领域杰出的科学家,将各自相关领域的基础理论和最新科研成果进行总结梳理并出版。

  "光电子科学与技术前沿丛书"以高质量、科学性、系统性、前瞻性和实用性为目标,内容既包括光电转换基本理论、有机自旋光电子学、有机光电材料理论等基础科学理论,也涵盖了太阳能电池材料、有机光电材料、硅基光电材料、微纳光子材料、非线性光学材料和导电聚合物等先进的光电功能材料,以及有机／聚合物光电子器件和集成光电子器件等光电子器件,还包括光电子激光技术、飞秒光谱技术、太赫兹技术、半导体激光技术、印刷显示技术和荧光传感技术等先进的光电子技术及其应用,将涵盖光电子科学与技术的重要领域。希望业内同行和读者不吝赐教,帮助我们共同打造这套丛书。

在丛书编委会和科学出版社的共同努力下,"光电子科学与技术前沿丛书"获得2018年度国家出版基金支持并入选了"十三五"国家重点出版物出版规划项目。

我们期待能为广大读者提供一套高质量、高水平的光电子科学与技术前沿著作,希望丛书的出版有助于光电子科学与技术研究的深入,促进学科理论体系的建设,激发科学发现,推动我国光电子科学与技术产业的发展。

最后,感谢为丛书付出辛勤劳动的各位作者和出版社的同仁们!

"光电子科学与技术前沿丛书"编委会

2018 年 8 月

前　言

　　21 世纪是信息科学迅速发展的时代,在人们的日常生活中,集成化、小型化、低功耗、响应时间快和大容量等特征在信息的发射、传递、接收和存储过程中显得格外突出。非挥发性铁电随机存储器(non-volatile ferroelectric random access memory,NVFRAM)概念的提出为相关领域的科研工作者带来了无限的希望。早在 20 世纪 80 年代,铁电体因其在 NVFRAM 方面有潜在的应用前景而备受物理学界和材料学界的关注,然而铁电单晶材料合成成本高、抗疲劳特性差、功耗高、与硅工艺兼容性差以及集成度低等原因使其很难得到广泛的应用。随着铁电薄膜技术的发展,科研工作者采用不同的沉积技术(溅射法、溶胶-凝胶法、激光分子束外延法和脉冲激光沉积法等)在不同基底(钌酸锶、镍酸镧、硅单晶和铂金等)上制备了高质量的铁电薄膜,大大降低生产成本、功耗,在改善与硅工艺兼容性等的同时为 NVFRAM 的集成化提供了可能性。除了具有独特的电学性质,基于其光学、热学和力学等物理性质,铁电薄膜在光电子学器件、红外焦平面探测器和微型制动器等器件的应用方面取得了很大的进展。

　　铁电、压电材料可以把外界的机械力转换为电信号,也可以在受到电场力时产生机械响应。它们作为生产电机械传感器、电磁铁螺旋管、变频器的核心材料,在医用超声波成像、诊断和治疗、声呐、工业和实验室进程控制、微米/纳米配置、环境监测、信息处理、通信方面有着广泛的应用。随着其应用的范围逐步扩大，对于寻找更好的材料以改进压电性能的需求也越来越迫切。压电材料的关键参数有三个：① 压电系数(d_{ij})，压电系数联系了极化率 P_i（或者拉力）和压力（或外加电场），如 $P_i = d_{ij}\sigma_j (i = 1,2,3; j = 1,2,\cdots,6)$；② 电机械耦合因子($k_{ij}$)，电机械耦合因子测量了电子机械能量转换效率；③ 应变水平，应变水平决定了声源能量和刺激强度。多年来压电系数 d_{33} 是在实际应用中最广泛使用的参数。20 世纪 40 年代发现的钛酸钡（BaTiO$_3$，BT）和 20 世纪 50 年代发现的锆钛酸铅$[Pb(Zr_{1-x}Ti_x)O_3，PZT]$是具有里程碑意义的。近几十年以来，基于 PZT 系统已经作为压电材料得到广泛应用。然而，它们的压电性能进展很缓慢。20 世纪 90 年代后期，Park 和 Shrout 在 Kuwata 的先期工作上报道了一个突破性进展。和传统的基于 PZT 压电陶瓷材料压电系数 $d_{33} = 400 \sim 600$ pC/N、拉力 $= 0.1\%$、电机械耦合因子 $k_{33} = 70\% \sim 75\%$ 相比，固溶体单晶铌镁酸铅-钛酸铅（PMN-PT）和铌锌酸铅-钛酸铅（PZN-PT）在准同型相界附近有着异常高的压电系数（$d_{33} > 2\,000$ pC/N）、特别大的拉力（$>1\%$）、非常高的电机械耦合因子（$k_{33} > 92\%$）。如此优异的性能让弛豫压电材料成为新一代传感器材料。过去十年来进行了很多此类材料发展和器件论证项目。首先开展研究的是美国国防高级研究计划局（Defense Advanced Research Projects Agency，DARPA），其他一些国家（如加拿大、中国、法国、日本、韩国、新加坡）的此类材料技术也达到工业生产的水平。同时，原型装置已经证明了相当大的潜在高性能。增强了器件的灵敏度、声源水平、宽度和器件小型化后，可以预见其有着很广泛的应用。各国开展了大量的研究来试图理解这些固溶体系统的复杂晶体化学性质和具有如此好的压电性能的微观、介观机理。

近年来，随着科学技术的进步，以上述信息功能材料为基础制造的各种光电子器件广泛应用于信息存储、自动传感与控制、红外探测、光伏发电及军事对抗等领域。而进一步提升铁电功能材料的性能，实现长寿命、低成本且环境友好的高效光伏器件，对推动国民经济持续稳步发展和确保国家安全战略具有重要意义。与传统的半导体光电转换器件相比，铁电薄膜光伏器件因具有结构与工艺简单、光生载流子复合速率小、开路电压高等特点，逐渐表现出明显的竞争优势。在众多类铁电介质中，铌酸钾（KNbO$_3$，KN）基铁电体是近年开发出来的一类窄带隙半导体材料，因具有制备成本低、结构与性能稳定、光生电压大、环境友好等特点而备受关注。2013 年，美国宾夕法尼亚大学的安德鲁·阿姆团队首次通过固态反应方法制成了单相固体氧化物铌镍酸钡掺杂铌酸钾（$[KNbO_3]_{1-x}[BaNi_{1/2}Nb_{1/2}O_{3-\delta}]_x$，KN－$x$BNNO）。该氧化物既具有良好的铁电性质，又表现出 1.1~3.8 eV 的直接带隙。在 $x=0.1$ 的情况下，KN－0.1BNNO 的光电流密度比经典铁电体（Pb，La）（Zr，Ti）O_3大 50 倍，光吸收能力比（Pb，La）（Zr，Ti）O_3高 3~6 倍，并且通过调节组分可使其带隙与太阳光谱（1.4 eV）相匹配。离散傅里叶变换（discrete Fourier transform，DFT）计算观察到的原子位移、局域极化态的变化和介电温谱测量的频率色散结果共同证明 KN－0.1BNNO 铁电序在居里温度附近的连续性。由此证明新型相变材料 KN－xBNNO 具有良好的铁电性和光生伏特效应（简称光伏效应），是目前制备薄膜光伏器件的首选材料之一。

研究新型铁电材料有助于在窄带隙无铅铁电薄膜材料与物理基础研究的源头形成系列核心知识产权和关键技术，有助于增强我国光电传感、自动控制、光伏发电等领域的自主创新能力，也有助于促进该类材料在光伏发电技术领域的应用；同时，对深入剖析窄带隙铁电薄膜材料的结构与物性关系、漏电流的形成机理与调控手段、影响材料光吸收与光电响应的主要因素等基本科学问题具有重要意义。

目　录

第 *1* 章

铁电材料的基本知识

1.1 铁电物理现象

    "铁电体"概念的产生源于 1920 年法国 Valasek 发现了罗谢尔盐(Rochelle salt)特异的介电性能[1]。铁电体具有自发极化的本质特征,且自发极化可在电场作用下转向[2,3],严格地说,只有基于极化翻转的应用才真正属于铁电性的应用。1943 年以前,人们集中于铁电体的学术研究,很少关注理论计算和应用,认为氢键是铁电性不可缺少的。在战争时期,钙钛矿铁电氧化物 $BaTiO_3$ 的结构和物理性质促使铁电理论计算和电子元器件(尤其是电容器)的发展,自此铁电体的总数急剧增加。此后众多铁电材料在基础研究和应用研究方面都取得了卓越的成果[4-6]。随着社会科学的发展,可以预见的是,功能铁电材料的发展将成为未来高新技术研究的前沿和热点之一。这类材料具有丰富的铁电/反铁电、热释电、压电、介电、电致伸缩和非线性光学等性能,广泛应用于信息存储、红外探测、传感器和太阳能光伏电池等与国民经济息息相关的经济领域。

    铁电材料通常在一定的温度范围内具有铁电性,有一个相变温度 T_C,当超过此温度时,自发极化消失,铁电体变为顺电体(部分铁电体可能已经熔化)。居里温度就是铁电相和顺电相之间的相变温度。在相变理论中,用序参量来描述系统内部有序化程度,序参量可以说明相变过程中对称性的变化。在软膜相变理论中,位移型铁电体和有序无序型铁电体软化的分别是晶格振动光学横模和赝自旋波。在这里以 $BaTiO_3$ 为例,120 ℃以上其为顺电相,空间群为 $Pm3m$。随着温度的降低,在 120 ℃发生顺电-铁电相变,成为铁电体,空间群为 $P4mm$,在 5 ℃和-90 ℃,自发极化改变,又发生了铁电-铁电相变。这也就是说铁电相可能存在两种或更多的对称性结构,不同结构之间变化的温度称为相变温度。对于相变温度的研究,可以采用 X 射线衍射(X-ray diffraction,XRD)、透射电子显微镜(transmission electron microscope,TEM)等微观晶体结构表征方式,但是凝聚态光谱作为一种非破坏性测试技术,成为研究材料基本物理特性的重要手段。

铁电相变是典型的结构相变,自发极化与晶体结构之间有密切的关系。根据自发极化产生原理,铁电体可以分为含氧八面体、含氢键等六大类。其中含氧八面体类又可分为钙钛矿、铌酸锂和钨青铜结构三种。同铁电体一样受大家关注的还有铁磁体,而多铁材料因同时具有铁电、铁磁(反铁磁)或铁弹性成为研究的热点,其中铁酸铋($BiFeO_3$,BFO)是重要的铁电氧化物之一。另一个重要的铁电体系为20 世纪 50 年代初出现的 PZT,其在电机械耦合因子、压电系数、居里温度和稳定性方面比 $BaTiO_3$ 等其他陶瓷更具优势;还可以通过改变 Zr/Ti 组分调节结构及物理特性,成为应用广泛的功能陶瓷材料之一。钪钽酸铅($PbSc_{1/2}Ta_{1/2}O_3$,PST)是热释电材料的典型代表,居里温度在室温附近。作为弛豫铁电体,PST 具有高热释电系数、低介电损耗和良好的介电性能等优点,广泛应用在非制冷红外焦平面阵列上。这三种铁电材料的结构均以钙钛矿为基础,是比较常见的一类,在微电子等工业领域有广阔的应用前景,也是凝聚态物理、固体电子学的研究热点之一。

1.2　铁电材料分类

目前,无铅型铁电材料的研究主要集中在三大领域:① 铋层状结构铁电体(bismuth layer-structured ferroelectric,BLSF),如钛酸铋($Bi_4Ti_3O_{12}$)、铌酸铋钠($Na_{0.5}Bi_{2.5}Nb_2O_9$,NBNO)、铌酸锶铋($SrBi_2Nb_2O_9$,SNBO)等。BLSF 是比较优秀的铁电材料之一,它的通式为$(Bi_2O_2)^{2+}(A_{n-1}B_nO_{3n+1})^{2-}$,晶体中 A 位和 B 位可以由不同原子组成,而 n 则是一个整数,对应钙钛矿层内八面体的个数。值得注意的是,A 位离子可以是 Ca^{2+}、Sr^{2+}、Pb^{2+}、Na^+、K^+、Ba^{2+}、Bi^{3+} 以及其他稀土元素或者这些元素的混杂,而 B 位离子一般是高价态的 Nb^{5+}、Mo^{6+}、V^{5+}、Fe^{3+}、Ti^{4+}、Ta^{5+}、W^{6+} 等,n 可以为 1~5。② 钙钛矿型钛酸盐系铁电体,如钛酸铅($PbTiO_3$,PT)、$BaTiO_3$、钛酸锶($SrTiO_3$,ST)、钛酸锶钡$[(Ba_xSr_{1-x})TiO_3$,BST],以及 KN 型材料,如 $KN-xBNNO$、

镱酸铋掺杂铌酸钾($[KNbO_3]_{1-x}[BiYbO_3]_x$,KNBY)等。③ 钨青铜型铌酸盐系铁电体,如铌酸锶钡($Sr_xBa_{1-x}Nb_2O_6$,SBN)等。SBN 是铌酸锶($SrNb_2O_6$)和铌酸钡($BaNb_2O_6$)的固溶体,在 $0.25<x<0.75$ 内,常温下 SBN 属于四方钨青铜结构。其晶胞具有结构通式(A1) $_2$ (A2) $_2$ C $_4$ (B1) $_2$ (B2) $_8$ O $_{30}$,它由 NbO_6 八面体构成,这个结构共享了边角上的氧原子,形成三种间隙空位。A1 和 A2 位可以同时由不同的金属阳离子占据,从而构成非填满型钨青铜结构。SBN 的 A1 位是由 Sr^{2+} 部分占据的,而 A2 位可以由 Sr^{2+} 和 Ba^{2+} 随机占据,B 位由 Nb^{5+} 完全填满,C 位则没有离子占据。其晶体结构中,每个晶胞由五个小单元构成。在铁电相,SBN 属于 $C4v$ 点群,而空间群属于 $P4bm$,自发极化沿四方晶格的 c 轴方向。高温时其属于顺电相,属于 $D2d$ 点群和 $4/mmm$ 空间群。在 $P4bm$ 空间群,晶格常数为: $a=b=12.496$ Å, $c=3.973$ Å, $\alpha=\beta=\gamma=90°$ 。随着 Sr 组分的增加,晶格常数 a 和 c 都会减小。

1.3　钙钛矿结构铁电材料

1.3.1　BFO 的结构和发展

BFO 的结构在 20 世纪六七十年代由 Michel 等基于 BFO 多晶粉末的中子散射和对 BFO 单晶的 XRD 分析得到。到 1997 年,Teowee 等首次用溶胶-凝胶法在硅衬底上生长了 BFO 薄膜,并具有饱和电滞回线。接着,激光技术的普及促使脉冲激光沉积方法制备 BFO 膜。2003 年,Wang 等通过脉冲激光沉积手段在单晶 $SrTiO_3$ (100)衬底上制备了不同厚度的 BFO 外延薄膜,发现室温下样品具有良好的铁电性和铁磁性,自发极化比块材大,在集成电子学器件方面有广泛应用前景。由此,引发了人们对 BFO 研究的热潮。

BFO 属于钙钛矿型化合物,钙钛矿铁电体通式为 ABO_3 ,结构相对简单,是研究铁电性起源、开发新的铁电材料的重要方向。A 位和 B 位由不同的阳离子代替,其结构可以用简单立方结构来描述,该结构空间群为 $Pm\bar{3}m$,A 原子和 B 原子的配位数分别为 12 和 6。图 1.1 是理想钙钛矿晶体结构框图。A 阳离子位于立方结构的体心,B 阳离子在 8 个角,O 阴离子在 12 条棱的中间,共角 BO_6 八面体在三个方向延伸,形成整体结构图。但是,单晶 BFO 的结构并不是理想的钙钛矿,室温下,BFO 为菱方畸变钙钛矿相,空间群为 $R3c$,与理想立方结构相比,沿[111]方向拉伸, Bi^{3+} 相对于 FeO_6 八面体移动,转为三方铁电相,空间群为 $R3m$,晶胞失去对称中心而产生自发极化。在三方铁电相中,相邻的两个 FeO_6 八面体绕 [111] 向相反的方向扭曲畸变,转变为能量更低的 $R3c$ 相。BFO 的晶格常数有三种描述计算方式,如 $a=b=c=5.63$ Å, $\alpha=\beta=\gamma=59.4°$,或者 $a=b=c=3.942$ Å, $\alpha=\beta=\gamma=89.43°$,六角表象下,晶格常数为 $a=b=5.58$ Å, $c=13.90$ Å。一个很重要的结构参数是氧八面体的旋转角,即相邻 FeO_6 因为反向扭转形成的夹角,如图 1.2 所示。因为完美的离子尺寸匹配,对于立方钙钛矿结构来说,这个旋转角度为 $0°$。对于 BFO 来说,绕 [111] 极化轴转动的角度 ω 为 $11°\sim14°$,直接与 $Fe-O-Fe$ 角 θ 关联,为 $154°\sim156°$。$Fe-O-Fe$ 角决定了 Fe 与 O 原子的磁交换和轨道重叠,会影响其电子能带结构和带隙宽度。

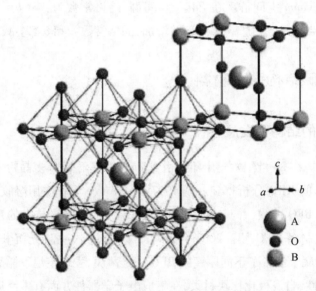

图 1.1　理想钙钛矿晶体结构示意图

BO_6 八面体在三个坐标方向延伸

BFO 是一种典型的多铁材料,铁电居里温度为 830 ℃,反铁磁尼尔温度为 370 ℃,在室温下同时具有铁电性和寄生弱磁性,在信息存储、磁传感器等方面有很大的应用前景。与块状材料相比,薄膜材料厚度小、具有较快的响应灵敏度,BFO 薄膜的质量也随着制备技术的改进得到提高。脉冲激光沉积法可以在低衬底温度下制备薄膜,薄膜表面较光滑,组分也与靶材相近。通过改变生长过程中的氧分压、衬底温度和激光功率,可以更详细系统地研究 BFO 薄膜的性质,优化其性能。

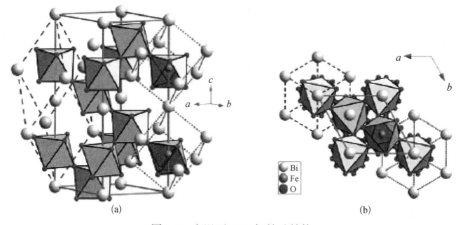

图 1.2　室温下 BFO 钙钛矿结构

（a）两类八面体组成了由虚线标注的菱方晶胞,实线标注的是六角结构晶胞;
（b）沿着六角晶胞 c 轴看到的结构图

本书主要采用该方法在 $SrTiO_3$ 和 c 轴蓝宝石衬底制备 BFO 膜,改变激光功率和氧分压,并用凝聚态光谱技术测试分析这些生长条件变化对薄膜光学性质的影响。另外,当选择晶格匹配较好的衬底时,可以外延 BFO 薄膜,薄膜应力会导致晶格应变,调制薄膜的结构和性质。Ramesh 小组在 2009 年的 *Science* 报道,在(001)取向的 $SrTiO_3$、$LaAlO_3$(LAO)和 $YAlO_3$ 衬底上生长 BFO 膜,可以形成准同型相界。薄膜中张应力或者压应力会影响其结构、磁性等性质。本书在 LAO(111)衬底上生长不同厚度的薄膜,并用拉曼声子频率的偏移对压应变进行定量化,分析压应变对介电函数和带间跃迁能量的影响。

1.3.2　NBNO 陶瓷的介绍

NBNO 是一种典型的 BLSF 材料,在 1977 年报道了其具有较高的居里温度(770 ℃)后获得了广泛关注[7]。纯的 NBNO 压电性能很低,压电系数(d_{33})只有 12.4 pC/N,通过掺杂等方式提高 NBNO 陶瓷的结构和电学特性现已被报道[8,9]。Zhou 等发现,适量的 W 元素掺杂可使电阻率提高两个数量级,并且将 d_{33} 提高至 21.8 pC/N。但是目前还不能很好地解释此类性能变化的物理机制。研究表明,NBNO 陶瓷在常温下是正交晶系结构($A2_1am$),在温度超过居里温度后是四方晶系结构($I4/mmm$)。然而此材料是否存在类似 $SrBi_2Ta_2O_9$ 陶瓷材料在居里温度之下的中间相变依旧不明确。目前有研究报道 NBNO 在由正交晶相向四方晶相过渡的过程中可能存在中间相变,该相变温度被认为在 200 ℃以上[10]。

NBNO 陶瓷是 $m=2$ 的铋层状结构铁电材料,即相邻 $(Bi_2O_2)^{2+}$ 层之间有 2 层类钙钛矿结构。该类钙钛矿结构中 A 位原子为 $(Na_{0.5}Bi_{0.5})$,B 位原子为 Nb,W 掺杂的 NBNO 是 W 原子代替了 B 位的 Nb 原子。这里讨论的 W 掺杂的 NBNO 陶瓷的化学式是 $Na_{0.5}Bi_{2.5}Nb_{2-x}W_xO_{9+\delta}$, $x=0$、0.03、0.04、0.06、0.08 和 0.10,简称为 NBNO、NBNW3、NBNW4、NBNW6、NBNW8 和 NBNW10。Zhou 等[11]已经对 $Na_{0.5}Bi_{2.5}Nb_{2-x}W_xO_{9+\delta}(x=0、0.01、0.05$ 和 0.10)的电学性能进行了介绍。随着 W 组分的增加,NBNW 的居里温度从 790 ℃ 降低到 760 ℃。NBNW 的 d_{33} 常温时为 17.9~21.8 pC/N,其中最高的为 $x=0.05$ 样品。当温度升高时,所有样品的 d_{33} 均略微降低,到居里温度附近突然降为 0。在 350 ℃ 前,$x=0.01$ 和 0.05 样品的电阻率大概比 NBNO 大两个数量级,350 ℃ 之后趋于相同。根据压电特性和电阻率的分析可知,NBNW 有望应用在温度高至 350 ℃ 的高温器件中[12]。

1.3.3 PST 陶瓷的介绍

PST 陶瓷是弛豫铁电材料,具有复合钙钛矿结构,居里温度在室温附近,有良好的热释电性能,广泛应用在非制冷红外焦平面阵列上。研究报道,在 PST 陶瓷中加入 $PbTiO_3$、$PbZrO_3$ 或 $PbHfO_3$ 形成具有复合钙钛矿结构的固溶体,样品会有更好的热释电和介电性能,还可以形成可调的有序-无序结构。有序 PST 中,Sc 和 Ta 原子在 {111} 方向平面上形成超晶格结构;无序 PST 中,Sc 和 Ta 在晶胞中随机占据 B 位。材料的有序度会影响居里温度和介电损耗,有序度增加,居里温度升高,介电损耗降低。另外,PST 陶瓷的晶粒尺寸也会影响热释电性能,晶粒尺寸减小会导致热释电探测优值下降。制备过程中,PST 的烧结温度高(1 560 ℃),Liu 等将 PST 与 $PbHfO_3$ 采用热压烧结法制备的 $(1-x)PbSc_{1/2}Ta_{1/2}O_3-xPbHfO_3(PSTHx,0\leqslant x\leqslant0.2)$ 陶瓷有更优异的介电和热释电性能,而且随着组分 x 的增加,介电弥散增强。

图 1.3 是 PSTH 陶瓷的红外反射光谱(简称红外光谱),插图是 17°~25° 的 XRD 谱,从中可以计算得到 B 位有序度随着组分 x 的增加而逐渐降低,到组分为 0.1 时,变为完全无序。

1.3.4 KN-xBNNO 陶瓷的介绍

美国宾夕法尼亚大学的 Joseph W. Bennett 分别在 2008 年和 2010 年报道了关于 d^8 阳离子 M^{2+} (M=Ni、Pd、Pt 或 Ce)-氧空穴掺杂 $PbTiO_3$ 和 $Ba(Ti_{1-x}Ce_x)O_3$

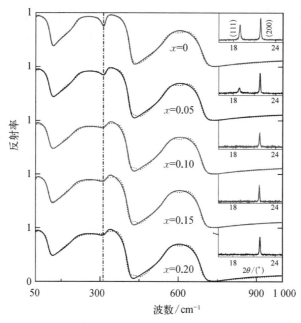

图 1.3　PSTH 陶瓷的红外光谱

17°~25°的 XRD 谱如插图中所示

可将带隙(E_g)降低至 2.0 eV 以下的理论研究。此后,Qi 等模拟研究发现增加 Bi($Zn_{1/2}Ti_{1/2}$)O_3四方性和插入 B 阳离子层可将 E_g 降低到 1.48 eV[13]。由此关于新的窄带隙铁电材料的理论计算层出不穷。2013 年,Grinberg 等依据该团队研究的 Ni 掺杂 $PbTiO_3$ 来调节带隙变化的理论基础,首选典型的钙钛矿材料 KN 来提供非中心畸变和极化($P<0.55$ C/m^2,0 K)[14],同时掺杂 $BaNi_{1/2}Nb_{1/2}O_{3-\delta}$(BNNO)引入 Ni^{2+} 与钙钛矿 B 位和氧空穴组合结构,制作出第一块 KN−xBNNO 固溶体,首次实验发现掺杂 BNNO 对 KN 的带隙有调控作用。2015 年,Wang 和 Rappe[15]基于第一性原理讨论了晶格畸变、氧空穴、阳离子配置、组分和畴壁对 KN 和 KN 基光伏特性的影响,其阐明的材料结构、电子结构和光电流的相互关系有益于体积光伏设备的设计和光电转换机制的深度理解,进而为分析材料结构性能与光伏性能架起了一座桥梁,为探究不同物理性能之间的内在联系提供一种途径。2017 年,芬兰奥卢大学 Bai 等[16]同样基于传统固溶体烧结方法制备出能带可调的 KN 基固溶体,并报道其铁电、压电和热释电性能,进一步证实其材料在铁电光伏领域的潜在应用。同年,Hawley 等[17]采用实验和理论计算相结合的方式研究了 KN−0.1BNNO 块体的相演化机制。严格的拉曼谱拟合分析得到该材料结构和铁电相变温度与纯 KN 接

近;DFT 计算观察到的原子位移、局域极化态的变化和介电温谱测量的频率色散结果共同证明 KN－0.1BNNO 材料铁电序在居里温度附近的连续性。由此证明新型相变材料 KN－xBNNO 具有良好的铁电性和光伏效应,是目前制备薄膜光伏器件的首选材料之一。哈尔滨工业大学的 Wang[18] 进一步丰富了 KN－xBNNO 材料的理论计算结果,为从实验上探讨高质量 KN－xBNNO 的制备奠定了理论依据。对该材料的研究有助于增强光电传感、自动控制、光伏发电等领域的自主创新能力,也有助于促进该类材料在光伏发电技术领域的应用;同时,对深入剖析窄带隙铁电薄膜材料的结构与物性关系、漏电流的形成机理与调控手段、影响材料光吸收与光电响应的主要因素等基本科学问题具有重要意义[19,20]。这也与未来光电器件和国家信息技术发展紧密结合,同时促进光电子、凝聚态物理以及材料交叉学科的发展,具有重要的科学意义和应用前景。

图 1.4(a)显示了利用紫外-近红外探测器探测的 KN－xBNNO 陶瓷的光吸收性能。KN－xBNNO 样品展示了多吸收峰,该多吸收峰用 P_1、P_2、P_3 和 P_4 来定义。上述信息不仅说明该材料有较宽的紫外光吸收范围,而且有明显的近红外吸收。产生近红外吸收的原因类似于 $Pb(Ti_{1-x}Ni_x)O_{3-x}$ 固溶体,即 Ni^{2+} 部分取代 KN 的 Nb^{5+} 产生氧空位。这一结果对于充分利用太阳能,探索其在光伏领域的应用具有很重要的意义。氧空位的存在也表明 KN－xBNNO 和其他研究广泛的氧化物半导体一样,是一种 n 型半导体氧化物。

图 1.4(b)采用 Tauc 方程分析了 KN－xBNNO 的光学带隙。目前,关于该材料全光谱的带隙的数量和位置分布还没有报道。图 1.4(b)展示了 3 个新的肩峰,分别用 S_1、S_2 和 S_3 表示。以 S_2 肩峰作为例对其放大如图 1.4(b)插图所示,通过 $[F(R)h\nu]^2$ 与能量 $h\nu$ 的关系曲线的切线判断相对应 S_2 肩峰的光学带隙。这些光学带隙随着 x 值先减小再增大,如图 1.4(c)所示。对于 KN－0.2BNNO 材料,通过上述测试分析得到的光学带隙分别是 0.7 eV、1.2 eV 和 2.4 eV,对应于第一性原理理论计算的带隙(1.49 eV 和 1.84 eV)。此外,这些值远低于 KN 陶瓷的光学带隙(3.1 eV)。由于 S_2 肩峰的带隙与太阳能光谱中心(1.5 eV)基本一致,KN－xBNNO 材料在光伏和光催化方面有潜在应用。

另外,KN－xBNNO 材料光生载流子的另一证据是该材料具有光催化活性。紫外线光源是一盏配备过滤器的 500 W 长的弧光灯。如图 1.5 所示,在紫外灯的照射下,存在 KN－0.2BNNO 钙钛矿材料的亚甲基蓝(MB)染料溶液的浓度(C_0 约为

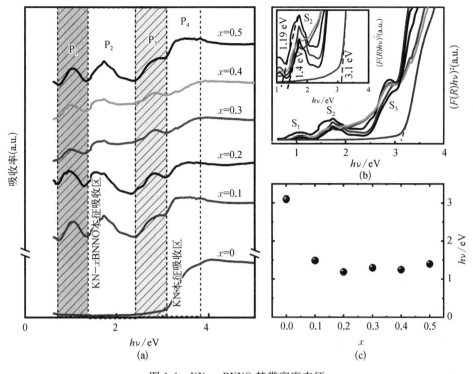

图 1.4 KN－xBNNO 禁带宽度表征

（a）不同掺杂组分 KN－xBNNO 陶瓷的紫外-可见-近红外吸收光谱；（b）不同掺杂组分材料的$(\alpha h\nu)^2$与 $h\nu$ 关系图，插图是放大图；（c）不同掺杂组分材料的禁带宽度变化

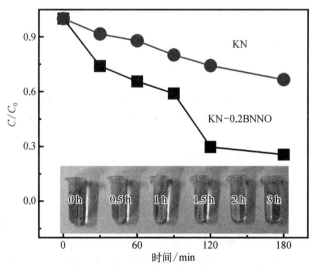

图 1.5 KN 和 KN－0.2BNNO 陶瓷粉体对亚甲基蓝的光催化作用

插图代表亚甲基蓝颜色随照射时间的关系

1×10^{-5} mol/L)降低到 30%,而没有 KN-0.2BNNO 钙钛矿材料的溶液浓度仅降低到 75%。降解的原因可能是 KN-0.2BNNO 钙钛矿材料作为光催化剂提供电子。同时,这一结果毫无疑问地表明在极性的 KN-0.2BNNO 材料正交相下有很强的光电效应。图 1.5 插图是亚甲基蓝溶液颜色随照射时间的降解情况。插图表明降解程度与照射时间成正比。

主要参考文献

[1] 钟伟烈.铁电体物理学[M].北京:科学出版社,1996.

[2] Cady W G. Piezoelectricity[M]. New York: McGraw-Hill Book Co., 1946.

[3] Naumov I I, Fu H X. Spontaneous polarization in one-dimensional $Pb(Zr,Ti)O_3$ nanowires [J]. Phys. Rev. Lett., 2005, 95: 247602.

[4] Zheng F G, Xin Y, Huang W, et al. Above 1% efficiency of a ferroelectric solar cell based on the $Pb(Zr,Ti)O_3$ thin film[J]. J. Mater. Chem. A, 2014, 2: 1363-1368.

[5] Scott J F, Fan H J, Kawasaki S, et al. Terahertz emission from tubular $Pb(Zr,Ti)O_3$ nanostructures[J]. Nano Lett., 2008, 8: 4404-4409.

[6] Kim J, Yang S A, Choi Y C, et al. Ferroelectricity in highly ordered arrays of ultra-thin-walled $Pb(Zr,Ti)O_3$ nanotubes composed of nanometer-sized perovskite crystallites[J]. Nano Lett., 2008, (8): 1813-1818.

[7] Kensuke H, Masanobu W. Abstracts of the first Japanese meeting on ferroelectric materials and their applications[J]. Ferroelectric, 1978, 19(1): 165-173.

[8] Zhang Q, Zhang Y, Sun H, et al. Photoluminescence, photochromism, and reversible luminescence modulation behavior of Sm-doped $Na_{0.5}Bi_{2.5}Nb_2O_9$ ferroelectrics [J]. J. Eur. Ceram. Soc., 2017, 37(3): 955-966.

[9] Wu Y J, Chen J, Yuan J, et al. Structure refinements and the influences of A-site vacancies on properties of $Na_{0.5}Bi_{2.5}Nb_2O_9$-based high temperature piezoceramics[J]. J. Appl. Phys., 2016, 120(19): 194103.

[10] Peng Z, Chen Q, Liu D, et al. Evolution of microstructure and dielectric properties of (LiCe)-doped $Na_{0.5}Bi_{2.5}Nb_2O_9$ Aurivillius type ceramics [J]. Curr. Appl. Phys., 2013, 13(7): 1183-1187.

[11] Zhou Z Y, Li Y C, Hui S P, et al. Effect of tungsten doping in bismuth-layered $Na_{0.5}Bi_{2.5}Nb_2O_9$ high temperature piezoceramics [J]. Appl. Phys. Lett., 2014, 104(1): 012904.

[12] Li Q Q, Wang J Y, Li M G, et al. Structure evolution mechanism of $Na_{0.5}Bi_{2.5}Nb_{2-x}W_xO_{9+\delta}$ ferroelectric ceramics: Temperature-dependent optical evidence and first-principles calculations [J]. Phys. Rev. B, 2017, 96(2): 024101.

[13] Qi T, Grinberg I, Rappe A M. Band-gap engineering via local environment in complex oxides [J]. Phys. Rev. B, 2011, 83: 224108.

[14] Grinberg I, West D V, Torres M, et al. Rappe, Perovskite oxides for visible-light-absorbing

ferroelectric and photovoltaic materials[J]. Nature, 2013, 503: 509 − 513.

[15] Wang F G, Rappe A M. First-principles calculation of the bulk photovoltaic effect in $KNbO_3$ and $(K,Ba)(Ni,Nb)O_{3-\delta}$[J]. Phys. Rev. B, 2015, 91: 165124.

[16] Bai Y, Siponkoski T, Peräntie J, et al., Ferroelectric, pyroelectric, and piezoelectric properties of a photovoltaic perovskite oxide[J]. Appl. Phys. Lett., 2017, 110(6): 063903.

[17] Hawley C J, Wu L Y, Xiao G, et al. Structural and ferroelectric phase evolution in $[KNbO_3]_{1-x}[BaNi_{1/2}Nb_{1/2}O_{3-\delta}]_x$ ($x=0$, 0.1)[J]. Phys. Rev. B, 2017, 96: 054117.

[18] Song B Q, Wang X J, Xin C, et al. Multiferroic properties of Ba/Ni co-doped $KNbO_3$ with narrow band-gap[J]. J. Alloys Compd., 2017, 703: 67 − 72.

[19] Li C Q, Wang F, Sun Y S, et al. Lattice dynamics, phase transition and tunable fundamental bandgap of photovoltaic $(K,Ba)(Ni,Nb)O_{3-\delta}$[J]. Phys. Rev. B, 2018, 97: 094109.

[20] Li C Q, Cui A Y, Chen F F, et al. Design and synthesis of narrow bandgap ferroelectric $(K,Ba)(Ni,Nb)O_{3-\delta}$ film for high-performance solar cells [J]. New J. Phys., 2018, 21: 013011.

第 2 章

钙钛矿结构铁电氧化物的相变机制

2.1 相变的微观起源

任何气体或气体混合物只有一个相,即气相。液体通常只有一个相,即液相,但正常液氦与超流动性液氦分属两种液相。对于固体,不同点阵结构的物理性质不同,分属不同的相,故同一固体可以有多种相。例如,固态硫有单斜晶硫和正交晶硫两相;碳有金刚石和石墨两相;α 铁、β 铁、γ 铁和 δ 铁是铁的 4 个固相;冰有 7 个固相。由单一物质构成的多相系统称为单元复相系,如冰水混合物和由不同固相构成的铁等。由多种物质构成的系统称为多元系,如水和酒精的混合物是二元系,空气是多元系。多元系可以是单相的,也可以是多相的。相变是物质系统不同相之间的相互转变。固、液、气三相之间转变时,常伴有吸热或放热以及体积突变。单位质量物质在等温等压条件下从一相转变为另一相时吸收或放出的热量称为相变潜热。伴有相变潜热和体积突变的相变称为第一类(或一级)相变;不伴有相变潜热和体积突变的相变称为第二类(或二级)相变,如在居里温度下铁磁体与顺磁体之间的转变、无外磁场时超导物质在正常导电态与超导态之间的转变、正常液氦与超流动性液氦之间的转变等。

2.2 相变特征及多相共存

相变是有序和无序两种倾向相互竞争的结果。相互作用是有序的起因,热运动是无序的来源。在缓慢降温的过程中,每当温度降低到一定程度,以致热运动不再能破坏某种特定相互作用造成的有序时,就可能出现新相。以铜镍二元合金为例:合金从液态开始缓慢冷却,当温度降到液相线时,结晶开始。此时结晶出来的极少量固相成分,液相的成分基本未变。随着温度降低,固相逐渐增多,液相不断减少。液相的成分沿液相线变化,固相的成分沿固相线变化。以系统的状态参量为变量建立坐标系,其中的点代表系统的一个平衡状态,称为相点,这样的图称为相图。

2.3　相变探测技术

2.3.1　XRD 晶体结构表征技术

为了研究某种新材料的物理和化学性质,通常在研究的初级阶段就要对其原子排列和元素组分等进行深入的了解。在此基础上才能更好地把握这些材料的物理化学等性质。科研工作者在研究材料结构时常用的技术手段主要是 XRD[1-3]。特别是在陶瓷样品制备过程中,利用 XRD 技术就可以随时观测所制备陶瓷样品的结晶质量,通过反馈信息来调整制备过程中的烧结温度、保温时间等制备参数值,直到制备出性能优异的陶瓷样品。XRD 测试的主要原理如下:在高速运动的电子轰击下,X 射线是原子内层电子跃迁辐射的光子。晶体可以看作 X 射线的光栅,这些原子(离子、分子)所产生的相干散射会发生光的干涉,从而改变散射的 X 射线的强度。大量原子散射波的叠加和互相干涉产生很大强度的光束,称为 X 射线的衍射线。需要指出的是,XRD 满足布拉格方程:$2d\sin\theta = n\lambda$。XRD 既可以进行定性分析(样品的相成分、择优取向等参数),又可以进行定量分析(样品的晶格常数、应力和晶粒尺寸等)。依据特定的晶系,由 XRD 的实验结果可以计算得出陶瓷样品的晶格常数,下面列举几种常见晶系的面间距(d_{hkl})和晶格常数(a、b 和 c)之间的关系式。

(1)立方晶系:

$$\frac{1}{d_{hkl}} = \frac{\sqrt{h^2 + k^2 + l^2}}{a} = \frac{2\sin\theta}{\lambda} \tag{2.1}$$

(2)正交晶系:

$$\frac{1}{d_{hkl}} = \sqrt{\frac{h^2}{a^2} + \frac{k^2}{b^2} + \frac{l^2}{c^2}} = \frac{2\sin\theta}{\lambda} \tag{2.2}$$

（3）六角晶系：

$$\frac{1}{d_{hkl}} = \sqrt{\frac{4}{3}\left(\frac{h^2 + k^2 + hk}{a^2}\right) + \frac{l^2}{c^2}} = \frac{2\sin\theta}{\lambda} \tag{2.3}$$

（4）单斜晶系：

$$\frac{1}{d_{hkl}} = \sqrt{\frac{1}{\sin^2\beta}\left(\frac{h^2}{a^2} + \frac{l^2}{c^2} - \frac{2hl\cos\beta}{ac}\right) + \frac{k^2}{b^2}} = \frac{2\sin\theta}{\lambda} \tag{2.4}$$

另外，陶瓷样品的晶粒尺寸（D）可以通过谢乐公式估算：

$$D = \frac{k\lambda}{\beta\cos\theta} \tag{2.5}$$

式中，k 为谢乐常数；D 为晶粒尺寸；β 为半峰宽；θ 为衍射角度；λ 为 X 射线的波长。

2.3.2 拉曼光谱技术

拉曼散射光谱（Raman scattering spectra，简称拉曼光谱）技术属于一种宏观测试手段[4,5]。我们知道散射光包括弹性散射与非弹性散射两种，前者是光的频率不发生变化的散射，也可以称为瑞利散射；后者则是频率发生改变的散射，它们包括拉曼散射和布里渊散射。具体地从光频上来看，瑞利散射频率 ω_1 的两边对称分布着斯托克斯和反斯托克斯布里渊散射光；在较大一些的频移处，对称分布着斯托克斯和反斯托克斯拉曼散射光（图 2.1）。拉曼光谱分析法是基于 1928 年印度著名科学家 C. V. Raman 所发现的拉曼散射效应，对与入射光频率不同的散射光谱进行分析以得到分子振动、转动等方面信息，并应用于分子结构研究的一种分析方法。通常拉曼散射实验采用激光进行激发，入射激光与物质系统中的分子振动、声子和其他激发发生相互作用，导致激光声子能量的移动，从而进一步提供物质系统振动模式等信息。同时因为拉曼散射光的频移与晶格振动的频率相当，所以在研究晶格振动时候主要应用拉曼光谱技术。拉曼光谱具有非破坏性、快速成像、简便和分辨率高等特点。参与散射的声子模式必须遵从一定的选择定则，有对称性选择定则、

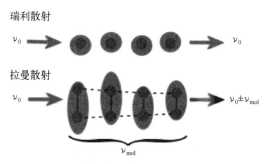

图 2.1　瑞利散射和拉曼散射示意图

能量选择定则、动量选择定则三种定则。能量守恒和动量守恒分别决定了拉曼频移和只有布里渊区中心附近的声子才能参与拉曼散射。在对称性选择定则中,最简单的一种是红外吸收和拉曼散射的相互排斥定则。通常对于具有反演中心的体系,某振动模若红外吸收允许,则拉曼散射被禁戒;反之,若拉曼散射允许,则红外吸收被禁止。拉曼光谱可以提供可重复、无损伤、快速、简单的定性定量分析。一般来讲,只有布里渊区中心附近的光学声子才能被拉曼激活。通过对拉曼光谱的研究可以反映材料中的许多微观性质,如材料的无序性结构、晶格振动信息以及其随温度变化的情况等。

　　拉曼光谱在材料分析学上具有很广泛的应用[6-9]。通过拉曼散射实验检测所得到的一般是材料的斯托克斯散射,拉曼散射光与瑞利散射光之间的频率差称为拉曼位移。材料分子的振动和转动等信息决定了材料拉曼光谱中拉曼光谱线的数量、位移值以及光谱带的强度等信息,这些信息就反映了当前状态下分子的构象及其所处的环境。例如,通过对材料拉曼散射峰位的指认可以表明该种材料的物质组成;峰位频率的改变则可以反映材料中晶格应力或者张力等信息。通过半峰宽的物理意义可知拉曼谱峰中的半峰宽与元激发寿命有关,从某一个声子模式峰的半峰宽及其展宽值可直接确定材料对称性结构或者结晶取向的变化。拉曼光谱可以表征材料的结晶结构,还可以用于观察薄膜材料的低频激发,如等离子体、磁振子和超导带隙激发等。拉曼光谱同时可以提供各向异性晶体的结晶取向信息。如果晶体结构已知,可以采用偏振拉曼散射实验来判断晶体的结晶取向。本书中所有拉曼散射实验都是采用显微激光拉曼散射技术来完成的。显微激光拉曼散射技术具有分辨率高的特点,可以对微小区域进行拉曼检测和成像等。此外,通过变温拉曼光谱研究陶瓷材料的声子模式随温度的变化趋势,由此可以得到陶瓷材料的居里温度。

2.3.3 椭圆偏振光谱技术

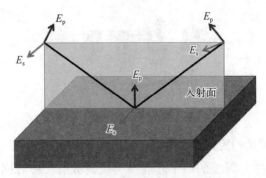

图 2.2　椭圆偏振光谱技术原理

椭圆偏振光谱测试手段起源于反射及透射光谱技术[10,11]，主要采用反射式，测试反射光的强度和相位变化。该技术的优点是精度高、非破坏和测试快，可测试块体和薄膜材料。但是要求材料的表面光滑度较高，如果粗糙度太大，在样品表面上光散射较多，相对测试到的反射光少得多，对于偏振态的测试较难。例如，当表面粗糙度均方根比测试波长长 30% 时，所得的测试数据误差偏大，数据不准确。通过椭圆偏振光谱测量 p 和 s 偏振态的光经过样品反射后的相对振幅和强度的变化，测试得到参数 ψ 和 Δ，分别表示偏振光强度和相位。二者的关系用式（2.6）表示：

$$\rho = \frac{r_p}{r_s} = \tan\psi \exp(i\Delta) \tag{2.6}$$

式中，r_p 和 r_s 为平行和垂直于入射面的反射系数；$\tan\psi$ 为平行和垂直入射面方向的两种反射光相对振幅衰减；Δ 为相位差。值得一提的是计算的理论值和实验值相结合，可以确定材料的光学常数（折射率 n 和消光系数 k）或得到复介电常数（介电常数实部 ε_1 和介电常数虚部 ε_2），二者关系可表示为：$\varepsilon_1 = n^2 - k^2$，$\varepsilon_2 = 2nk$。由于椭圆偏振测量同时获得角度值 ψ 和 Δ，可以不用通过 Kramers－Kronig 关系变换而直接获得材料的光学常数和介电函数。拟合过程是指采用一定色散关系物理模型对所有测量值（包括薄膜的厚度和光学常数）进行标准拟合。拟合过程就是不断优化参数并减小实验偏差值 σ_ψ^{exp} 和 σ_Δ^{exp} 的过程。介电函数 ε_1 和 ε_2 以及 $\tan\psi$ 和 $\cos\Delta$ 可以分别通过式（2.7）~式（2.9）给出

$$\sigma_1^2 = \frac{1}{2N-K} \sum_{i=1}^{N} \left[\left(\frac{\psi_i^{mod} - \psi_i^{exp}}{\sigma_{\psi,i}^{exp}} \right)^2 + \left(\frac{\Delta_i^{mod} - \Delta_i^{exp}}{\sigma_{\Delta,i}^{exp}} \right)^2 \right] \tag{2.7}$$

$$\sigma_2^2 = \frac{1}{2N-K} \sum_{i=1}^{N} \left[\left(\langle \varepsilon_1 \rangle_i^{mod} - \langle \varepsilon_1 \rangle_i^{exp} \right)^2 + \left(\langle \varepsilon_2 \rangle_i^{mod} - \langle \varepsilon_2 \rangle_i^{exp} \right)^2 \right] \tag{2.8}$$

$$\sigma_3^2 = \frac{1}{2N-K} \sum_{i=1}^{N} \left[\left(\tan\psi_i^{mod} - \tan\psi_i^{exp} \right)^2 + \left(\cos\Delta_i^{mod} - \cos\Delta_i^{exp} \right)^2 \right] \tag{2.9}$$

式中, N 为拟合时所采用的实验点数量; K 为拟合时所有的未知参数的数量, 拟合过程就是不断优化使 σ_1、σ_2 和 σ_3 达到最小的过程。

2.3.4　红外光谱技术

红外光谱的原理是若材料中某个基团的振动或转动频率与入射的连续波长中某红外光频率一致, 则此频率的能量被吸收, 红外光谱中反映为凹谷。因此, 根据红外光谱的凹谷位置可知道材料内某些基团振动情况, 进而确定材料的分子结构、种类等信息。基团的振动有两种形式: 弯曲振动与伸缩振动。原子垂直于化学键的方向的振动称为弯曲振动, 而原子沿着化学键方向的振动则称为伸缩振动, 会引起键长改变[12,13]。红外光谱广泛应用于化合物的结构鉴定, 具有不损害样品、特征性高、需要样品量小和分析时间短等优点。本书使用傅里叶红外光谱仪分析掺杂和温度对陶瓷材料红外光谱的影响, 并分析这些条件对红外波段节点函数的影响。

2.3.5　变温透射和反射光谱技术

在评价薄膜的折射率 n 和消光系数 k 时往往要先假设衬底是半无限近似的。这种假设仅适用于吸收比较大的厚衬底或者背面比较粗糙的衬底, 因此背面没有反射。另外, 薄膜的厚度和入射波长的比值比较大以至于对通过衬底的反射和透射的相组成不敏感而难以分辨。拟合过程首先需要求得衬底的光学常数。可以通过测量衬底透射和反射光谱并进行拟合获得。但是, 在非全透明衬底且具有一定吸收的较短波长范围的衬底光学常数可以查阅相关参考文献和数据库。事实上, 经过对比发现, 由测试透射和反射光谱并拟合得到的光学常数与文献报道值基本相等。因此, 拟合衬底透射和反射光谱只是为了尽可能接近真实样品, 从而尽可能地提高薄膜光学常数的拟合精度。

　　透射光谱都是针对生长在透明或者半透明衬底上的单层各向同性薄膜的透射光谱。它的理论透射光谱表达式可以从基本的电磁场理论出发计算。考虑到薄膜是各向同性的,透明衬底上的单层薄膜可以通过斯涅尔定律来计算。每一层的光学元素可以用一个 2×2 矩阵来表示。假设"0"代表真空,其介电常数为单位值;"1"代表薄膜,"2"代表衬底。因此,结合矩阵可以用 M_r 来表示,即 $M_r=M_{01}M_1M_{12}$。其中位于第 j 和 $j+1$ 层间的连接矩阵可以用式(2.10)表示:

$$M_{j,\,j+1} = \frac{1}{2\sqrt{\tilde{\varepsilon}_{j+1}}} \begin{bmatrix} (\sqrt{\tilde{\varepsilon}_{j+1}}+\sqrt{\tilde{\varepsilon}_j}) & (\sqrt{\tilde{\varepsilon}_{j+1}}-\sqrt{\tilde{\varepsilon}_j}) \\ (\sqrt{\tilde{\varepsilon}_{j+1}}-\sqrt{\tilde{\varepsilon}_j}) & (\sqrt{\tilde{\varepsilon}_{j+1}}+\sqrt{\tilde{\varepsilon}_j}) \end{bmatrix} \tag{2.10}$$

厚度为 d 的薄膜的传播矩阵可以用式(2.11)表示:

$$M_1 = \begin{bmatrix} \exp(\mathrm{i}2\pi\sqrt{\tilde{\varepsilon}}\, d/\lambda) & 0 \\ 0 & \exp(-\mathrm{i}2\pi\sqrt{\tilde{\varepsilon}}\, d/\lambda) \end{bmatrix} \tag{2.11}$$

式中,λ 为入射波长。因此,薄膜的透过率 T 可以用式(2.12)表示:

$$T = \mathrm{Real}(\sqrt{\tilde{\varepsilon}_2}) \left| \frac{t_{12}}{M_{r1,\,1}} \right|^2 \tag{2.12}$$

式中,$t_{j,\,j+1}=2\sqrt{\tilde{\varepsilon}_j}/(\sqrt{\tilde{\varepsilon}_j}+\sqrt{\tilde{\varepsilon}_{j+1}})$。需要注意的是,当计算薄膜-衬底系统的透过率时需要考虑来自衬底的吸收。

　　如果材料的介电函数模型比较复杂,那么在很宽的光子能量范围内拟合薄膜的透射光谱将会因存在很强的参数关联而面临很多挑战。介电函数的虚部正比于总的态密度并可以用式(2.13)表示为

$$\varepsilon_2(E) \sim \frac{1}{E^2}\frac{2}{(2\pi)^3}\int BZ\,|P_{cv}|^2[1-f(E_c)]\times\delta(E_c-E_v-E)d^3k \tag{2.13}$$

式中,P_{cv} 为动量矩阵单元;E 为入射光子能量。导带的费米分布函数由 $f(E_c)$ 表示。例如,$[1-f(E_c)]$ 因子考虑到了导带的吸收需要空的电子态。E_c 和 E_v 分别为导带和价带。积分在整个布里渊区 k 空间里展开。通过以上理论计算方式,可以从态密度和电子能带结构去计算薄膜的介电响应行为。薄膜的反射光谱可以由式

(2.14)表示为

$$R = R_f + \frac{R_s T_f T'_f \exp(-\alpha_s)}{1 - R_s R'_f \exp(-2\alpha_s)} \tag{2.14}$$

式中,R_s 为衬底-空气界面的反射率;$\alpha_s = 4\pi k_s d_s / \lambda$ 为衬底的吸收系数;d_s 为衬底厚度;k_s 为衬底消光系数;R_f 和 T_f 分别为来自薄膜上表面的总反射率和透过率;R'_f 和 T'_f 分别为来自薄膜下表面的总反射率和透过率。通过考虑衬底校正和衬底实际吸收系数等因素,式(2.14)还可以进一步简化,详细的推算过程和结果可以参见参考文献[11]。

透射和反射光谱的拟合都采用 Levenberg–Marquardt 算法,这是一个对较多拟合参数仍然有效的非线性计算方法。对于这个算法,各个拟合参数是相互独立的,并且它们的标准误差值与实验不确定度有关。拟合过程如下:通过选择最合适的拟合模型,同时优化实验和拟合光谱的对比,考虑光谱差值的无偏差估计、解的物理相似度,以及每个参数的90%置信度和描述各参数之间独立程度的关联系数矩阵。拟合误差的均方差 χ 可以由式(2.15)定义:

$$\chi^2 = \frac{1}{N} \sum_{k=1}^{N} |T_{k,\,exp} - T_{k,\,cal}|^2 \tag{2.15}$$

式中,N 为实验点数量;$T_{k,\,exp}$ 和 $T_{k,\,cal}$ 分别为实验和拟合数据。拟合过程就是通过优化拟合参数值不断减小均方差 χ 的值。

主要参考文献

[1] Ramesh R, Aggarwal S, Auciello O. Science and technology of ferroelectric films and heterostructures for non-volatile ferroelectric memories[J]. Mater. Sci. Eng., 2001, 32(6): 191–236.

[2] Luo G M, Yan M L, Mai Z H, et al. Structural studies of $Ni_x Fe_{100-x}$/Mo magnetic multilayers by X-ray small-angle reflection and high-angle diffraction[J]. Phys. Rev. B, 1997, 56: 3290–3295.

[3] Wang G S, Cheng J G, Meng X J, et al. Properties of highly(100) oriented $Ba_{0.9}Sr_{0.1}TiO_3$/$LaNiO_3$ heterostructures prepared by chemical solution routes[J]. Appl. Phys. Lett., 2001, 78: 4172–4174.

[4] Pontes D S L, Gracia L, Pontes F M, et al. Synthesis, optical and ferroelectric properties of PZT thin films: Experimental and theoretical investigation[J]. J. Mater. Chem., 2012, 22: 6587–6596.

[5] Sekhar M C, Kondaiah P, Chandra S V J, et al. Effect of substrate bias voltage on the structure, electric and dielectric properties of TiO$_2$ thin films by DC magnetron sputtering [J]. Appl. Surf. Sci., 2011, 258(5): 1789 - 1796.

[6] Liu G Z, Wang C, Gu H S, et al. Raman scattering study of La-doped SrBi$_2$Nb$_2$O$_9$ ceramics [J]. J. Phys. D: Appl. Phys., 2007, 40(24): 7817 - 7820.

[7] Buixaderas E, Berta M, Kozielski L, et al. Raman spectroscopy of Pb(Zr$_{1-x}$Ti$_x$)O$_3$ graded ceramics around the morphotropic phase boundary [J]. Phase Trans., 2011, 84(5/6): 528 - 541.

[8] Graves P R, Hua G, Myhra S, et al. The Raman modes of the Aurivillius phases: Temperature and polarization dependence[J]. J. Solid State Chem., 1995, 114(1): 112 - 122.

[9] 李传青.弛豫铁电材料的合成及其光学和电学特性研究[D].上海:华东师范大学,2016.

[10] Zhu J J, Li W W, Xu G S, et al. A phenomenological model of electronic band structure in ferroelectric Pb(In$_{1/2}$Nb$_{1/2}$)O$_3$ - Pb(Mg$_{1/3}$Nb$_{2/3}$)O$_3$ - PbTiO$_3$ single crystals around the morphotropic phase boundary determined by temperature-dependent transmittance spectra [J]. Appl. Phys. Lett., 2011, 98: 091913.

[11] 方荣川.固体光谱学[M].合肥:中国科学技术大学出版社,2001.

[12] 姜凯.无铅铁电陶瓷的晶格振动及电子跃迁特性研究[D].上海:华东师范大学,2014.

[13] 段志华.钙钛矿铁电材料的晶格振动和相变规律研究[D].上海:华东师范大学,2015.

第 3 章

光电响应及介电常数

3.1　半导体/绝缘体的光学响应

凝聚态物质光谱是信息功能氧化物薄膜材料光电子特性表征的重要手段。目前的主要光谱测试技术包括反射光谱技术、透射光谱技术、椭圆偏振光谱技术、拉曼光谱技术和光致发光光谱技术等。下面将对这些光谱测试技术的原理及实际应用进行简单介绍。

光学常数即折射率 n 和消光系数 k，其并非真正意义上的常数，而是与入射光频率呈函数关系，光学常数的这种频率依赖性称为色散关系。光学色散函数就是采用参数化的模型来表征薄膜材料在某个光子能量适用范围内的光学常数。光学色散模型一般具有一定的物理含义。模型中的参数（如振子跃迁能量）可以对应材料的能带结构和电子跃迁，通过光学色散模型我们能够准确地确定。通过采用对应的物理模型拟合薄膜材料的透射、反射或椭圆偏振光谱可以得到薄膜的厚度和光学常数。下面将讨论本书拟合光谱时用到的一些光学常数色散模型。

1. Adachi 色散关系

对于半导体和绝缘体，除基本带隙以外，还有许多高阶临界点及其展宽对光学性质会产生影响。在光子能量低于或高于最小禁带宽度附近，半导体和绝缘体材料的介电响应可以由最低三维 M_0 型关键点（critical point，CP）的贡献进行描述，如 Adachi 模型式[1,2]所示：

$$\tilde{\varepsilon}(E) = \varepsilon_\infty + \frac{A_0 \left[2 - (1 + \chi_0)^{1/2} - (1 - \chi_0)^{1/2} \right]}{E_g^{2/3} \chi_0^2} \qquad (3.1)$$

式中，$\chi_0 = (E + \mathrm{i}\varGamma)/E_g$；$\varepsilon_\infty$ 为高频介电常数；E_g 为基本光学跃迁能量；E 为入射光子能量；A_0 和 $\varGamma$ 分别为 E_g 跃迁的强度和展宽因子。

以上 Adachi 模型已经成功地表示很多半导体和绝缘体材料。需要强调的是 Adachi 模型是基于 Kramers - Kronig 关系变换原理提出的，因此采用 Adachi 模型计算的介电函数在整个测量光子能量范围内都遵守 Kramers - Kronig 关系变换。同时，Adachi 模型考虑了在 E_0、$E_0 + \Delta_0$、E_1 和 $E_1 + \Delta_0$ 四个关键点的带间跃迁效应以及间接电子跃迁。由于以上表达式是一个关于电子能带参数的纯粹的分析函数，Adachi 模型也可以用于分析微扰效应对材料光学常数的影响，如光学常数与测试温度和施加压强的依赖关系。

2. Tauc - Lorentz 色散关系

在 Forouhi - Bloomer 模型的基础上，G. E. Jellison Jr 和 F. A. Modine 于 1996 年提出了只有 5 个参数的 Tauc - Lorentz 模型，该模型基于经典 Lorentz 振子并考虑了 Tauc 共同态密度之和，同时考虑了非相互作用原子聚集的标准量子理论或 Lorentz 理论计算[3]。如果仅考虑单个电子跃迁，材料的介电函数虚部 ε_2 可以由式(3.2)表示：

$$\begin{cases} \varepsilon_2(E) = 0 & E \leqslant E_{ti} \\ \varepsilon_2(E) = \displaystyle\sum_{i=1}^{N} \frac{A_i E_{pi} \varGamma_i (E - E_{ti})^2}{(E^2 - E_{pi}^2)^2 + \varGamma_i^2 E^2} \frac{1}{E} & E > E_{ti} \end{cases} \qquad (3.2)$$

材料介电函数实部 ε_1 可以通过 Kramers - Kronig 关系变换获得：

$$\varepsilon_1(E) = \varepsilon_\infty + \frac{2}{\pi} P \int_0^\infty \frac{\xi \varepsilon_2(E)}{\xi^2 - E^2} \mathrm{d}\xi \qquad (3.3)$$

式中，ε_∞ 为高频介电常数；P 为柯西(Cauchy)积分主值；E 为入射光子能量；A_i、E_{pi}、$\varGamma_i$ 和 E_{ti} 分别为第 i 个振子的振幅、峰位能量、展宽因子和 Tauc 带隙能量。Tauc - Lorentz 模型已经被证明可以广泛用于半导体和绝缘体的光学常数拟合。其适用光子能量覆盖从近紫外到近红外区域。同时需要注意的是 Tauc - Lorentz 模型只考虑了材料带间电子跃迁的贡献，忽略了材料缺陷吸收、带内吸收和带尾态吸收等因素的影响。因此,在低光子能量区域介电函数虚部 ε_2 会增加,并进一步导致介电函数实部 ε_1 发生变化。

3. Drude–Lorentz 色散关系

Drude–Lorentz 模型[4-8]由 Drude 振子和 Lorentz 振子两部分的贡献组成,可以用式(3.4)描述:

$$\tilde{\varepsilon}(E) = \varepsilon_1 + i\varepsilon_2 = \varepsilon_\infty - \frac{A_D}{E^2 + iEB_D} + \sum_{i=1}^{N} \frac{A_i}{E_i^2 - E^2 - iEB_i} \tag{3.4}$$

式中,ε_∞ 为高频介电常数;E 为入射光子能量;A_i、E_i 和 B_i 分别为第 i 个 Lorentz 振子的振幅、中心能量和展宽因子。Lorentz 振子数量和材料的电子能带结构及电子跃迁数量有关。Drude 振子部分,A_D 为等离子频率的平方;B_D 为电子碰撞或阻尼频率。Lorentz 振子部分适用于描述材料的半导体或绝缘体成分,Drude 振子部分适用于描述材料的金属行为。

3.2　介电常数及其在相变点处的变化规律

3.2.1　PLZST 陶瓷的紫外反射光谱研究

1. PLZST 陶瓷紫外反射光谱研究实验配置

文献报道的(PbLa)(ZnTi)O_3(PLZT)的禁带宽度为 3.3 ~ 3.6 eV,因此(PbLa)(ZnSnTi)O_3(PLZST)的禁带宽度也应大致在此范围内。为了研究其相变处的电子跃迁,则应收集能量大于禁带宽度的光谱数据,也就是需要对 PLZST 材料进行紫外光谱的研究。PLZST 铁电陶瓷并不透光,在测试技术上只能选择反射模式。因此,本书针对 PLZST 铁电陶瓷进行紫外反射光谱研究。

针对 PLZST 铁电陶瓷研究的近入射(入射角度约为 8°)紫外反射光谱采用 PerkinElmer 公司的双光束紫外-近红外分光光度计 Lambda 950 在光子能量为 1.4~6.1 eV(波长为 200~880 nm)的波段内进行测量,光谱分辨率为 1 nm。采用铝镜的反射光谱作为整个测量光谱能量范围内的参考反射光谱。图 3.1 为 $(Pb_{0.97}La_{0.02})(Zr_{0.42}Sn_{0.40}Ti_{0.18})O_3$(记为 L2 样品)的紫外反射光谱。

虽然光谱的范围也涵盖了整个可见光波段,但是光谱的主要特征出现在 3 eV 以上的紫外波段,为了讨论方便,称为紫外反射光谱。从图 3.1 中可以明显地观察

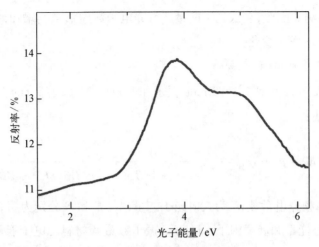

图 3.1　L2 样品的紫外反射光谱

到两个反射峰,其反射率分别为 14% 和 13% 左右,波峰位于 3.8 eV 和 5 eV 左右。在文献报道的禁带宽度附近(3~4 eV)观察到反射率陡然下降。为了从光谱中得到更多 PLZST 材料的信息,需要更加深入的分析。

2. 不同 La 组分的紫外反射光谱研究

为了从紫外反射光谱中提取 PLZST 的光学常数,本书使用介电常数模型对 PLZST 的反射光谱进行拟合建模。本书使用的介电常数模型是在铁电材料中广泛使用的 Tauc‐Lorentz 模型,针对 PLZST 进行双振子优化。近入射条件下,介电常数 $[\tilde{\varepsilon}(E) = \varepsilon_1(E) + i\varepsilon_2(E)]$ 与反射率 R 的关系为

$$R = \left| \frac{(\sqrt{\tilde{\varepsilon}(E)} - 1)}{(\sqrt{\tilde{\varepsilon}(E)} + 1)} \right|^2$$

本书采用改进的 Levenberg‐Marquardt 算法对实验光谱和模型计算光谱进行最小二乘法拟合。通过使用循环迭代计算,不断优化模型中的参数,使得拟合误差最小化,从而最终得到模型的最佳拟合参数。

图 3.2 是实验得到的光谱数据(点线)以及用 double Tauc‐Lorentz(DTL)模型拟合计算得出的光谱(实线)。

从图 3.2 中可以观察到点线和实线的重合度非常好,这意味着拟合的结果非常可靠,这为后续的实验数据分析提供了必要的基础。从反射光谱中可以观察到,虽然这六个组分的光谱形状大致相同,都有两个非常显著的反射峰,在图中标记为

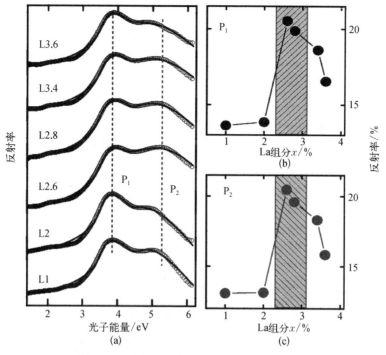

图 3.2　不同 La 组分的 PLZST 紫外反射光谱

P_1(位于 3.9 eV 左右)和 P_2(位于 5.2 eV 左右),但是这两个反射峰的强度随着组分的变化有非常显著的差异:一则体现在两个反射峰相对强度随组分的变化,即 P_1/P_2;二则体现在两个峰各反射率随组分的变化。此两个反射峰的反射率随组分变化的趋势分别见图 3.2(b)和(c)。可以清楚地观察到,两个反射峰的反射率在 La 组分小于 2%时几乎不变,而在 2.6%时有一个非常突兀的增加,随后在 La 组分为 3.4%以上时,又有显著的下降。造成这一现象的机理需要更加深入地研究分析。

3.　不同 La 组分的介电常数

图 3.3 显示了不同 La 组分的 PLZST 在室温下的介电常数 $[\tilde{\varepsilon}(E) = \varepsilon_1(E) + i\varepsilon_2(E)]$ 色散图谱。总体而言,随着能量的增加,介电常数的实部(ε_1)逐渐增加并达到 3.8 eV 的峰值后衰减,形成著名的范霍夫(van Hove)奇点。在透明区介电常数的虚部(ε_2)几乎为零,随着入射光子能量的增加,在禁带宽度附近由于非常强烈的光子吸收而显著增加。本书得出的介电常数的色散关系与之前报道的 PZT 以及类似材料的色散关系非常相似。

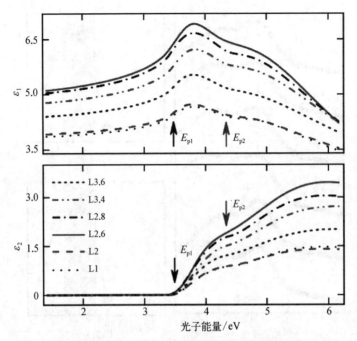

图 3.3　不同 La 组分 PLZST 的介电常数色散图谱

从图 3.3 中可以观察到,主要的变化为出现在介电常数实部(位于 4.8 eV 左右)和介电常数虚部(位于 4.3 eV 左右)的肩状类型的谱线。推测这应该是由 La 掺入引起的,因为随着 La 组分的增加,肩状类型的谱线明显增宽。此外,介电常数的实部和虚部的具体数值随着 La 组分的增加也有明显的变化。在 La 组分为 1%和 2%两个组分的谱线中,介电常数实部的谱线几乎重合,范霍夫奇点的最高值均为 4.72 eV。然而,在 La 组分为 2.6%时,范霍夫奇点达到最高值(6.92 eV),随后又随着 La 组分的增加逐步降低。值得注意的是,由于介电常数色散关系的影响,本书得出的介电常数在近红外到深紫外的这段光谱的数值与之前报道的红外区的介电常数相比明显小了很多。

众所周知,介电常数具有色散的特性,在不同波段,介电常数的差异会非常大。此外,复杂结构的钙钛矿铁电体在红外区有非常强烈的声子模式振动,相比在紫外波段的电子跃迁,声子效应会使得介电常数大大增加。同时,在之前的文献中已有报道,在红外区,由于 La 的掺入,与 PLZST 相类似的材料在光学常数上的变化是单调的。因此,在 La 组分为 2.6%的 PLZST 陶瓷的反射光谱中得到的变化是不同寻常的。这个变化趋势和在常温 XRD 谱中得到的结果相互印证。

4. 不同 La 组分的电子跃迁变化

为了深入理解这个不寻常的结果,不妨考虑 DTL 模型的参数相对于 La 组分的变化。PLZST 陶瓷的 DTL 模型中各个参数的值见表 3.1。

表 3.1　不同 La 组分 PLZST 陶瓷的 DTL 模型拟合参数

模 型 参 数		样		品			
		L1	L2	L2.6	L2.8	L3.4	L3.6
ε_∞		2.96	3.04	3.01	3.15	3.05	3.09
TL1	A_1	86.7	89.5	170	119	114	101
	E_{p1}	3.38	3.38	3.43	3.59	3.57	3.50
	Γ_1	1.43	1.33	1.64	1.60	1.48	1.42
	E_{t1}	3.42	3.42	3.40	3.37	3.42	3.42
TL2	A_2	114	90	210	194	172	122
	E_{p2}	4.16	4.22	4.36	4.34	4.35	4.31
	Γ_2	2.27	2.81	2.84	2.92	3.44	3.65
	E_{t2}	4.48	4.40	4.43	4.38	4.35	4.34

如之前所说,DTL 模型是由两部分组成的,一部分为 Tauc 联合态密度,另一部分为 Lorentz 模型。前者为一个经验公式,后者从标准量子力学(或称 Lorentz 计算)推导而来。其中拟合参数 E_p 可以与第一性原理计算相联系。在一些 BFO 等经典钙钛矿结构的铁电材料中,Lorentz 模型的三个振子分别代表相对应的电子跃迁。根据之前文献的报道,在相似的钙钛矿结构材料 PZT 中,价带顶是一个由 O 原子中的 p 态电子和 Pb 原子中的 s 态电子组成的混合态,分别被标注为 X 对称和 $X_{4'v}$ 对称。导带底则由 B 位原子的 d 态电子(标注为 X_{3c} 对称)和 A 位原子 Pb 的类 6p 态的电子(标注为 X_{1c} 对称)组成,而且呈现出一定的规律:在 Zr 组分较小时,以 X_{3c} 对称为主;当 Zr 组分较高时以 X_{1c} 对称为主。除此之外,还有一个几乎完全由 O 原子的 p 态电子构成的 $X_{5'v}$ 对称在 Γ_{15v} 点(一个价带的次高点)。Lee 等通过拟合介电常数二阶导的方法,发现了与这几个能带点相关的三个跃迁,分别为 E_a、E_b 和 E_c,其对应的跃迁能量分别为 3.9 eV、4.5 eV 和 6.5 eV。其与上述理论计算相对应的关系如下:E_a 为 $X_{4'v} \rightarrow X_{1c}$,$E_b$ 为 $X_{5'v} \rightarrow X_{3c}$ 以及 E_c 为 $X_{5'v} \rightarrow X_{1c}$。$E_c$ 跃迁对应的能量为 6.5 eV,超出测量范围,在此不作讨论。于是把从 DTL 模型中得到的两个参数 E_{p1} 和 E_{p2} 分别与 E_a 和 E_b 作一一对应。图 3.4 是振子参数 E_p 与 La 组分变化的关系。

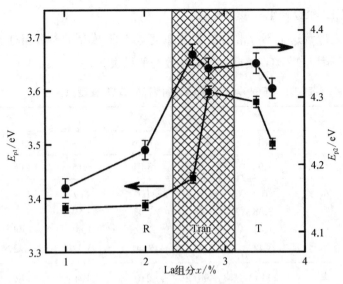

图 3.4　不同 La 组分 PLZST 振子能量图

从图 3.4 中可以观察到非常明显的三个部分：① 以 R 标出的正交相部分；② 以 T 标出的四方相部分；③ 以 Tran 标出的相变区域。在 R 区，E_{p1} 和 E_{p2} 都没有明显的变化，其数值分别保持在 3.38 eV 和 4.20 eV 附近。在 T 区，E_{p1} 从 3.59 eV 下降到 3.50 eV，而 E_{p2} 从 4.35 eV 下降到 4.31 eV。根据文献报道，$PbTiO_3$ 的禁带宽度要大于 $LaTiO_3$ 的禁带宽度。因此，位于 T 区的这些下降可能由 La 的掺入从而在禁带中引入的中间能级导致。而这个中间能级在 La 掺入量非常小时在实验现象中很难表现出来。然而，在 Tran 区观测到了一个由于 La 掺入而引入中间能级这一结论无法解释的蓝移现象，这个蓝移现象在 E_{p1} 和 E_{p2} 中均可观察到。对于 E_{p1}，其对应的数值从 La 组分为 2.6%时的 3.43 eV 增加到 La 组分为 2.8%时的 3.59 eV；而对于 E_{p2}，其对应的数值从 La 组分为 2%时的 4.22 eV 增加到 La 组分为 2.6%时的 4.36 eV。与之前报道过的由于 La 掺入而引起的能带改变的值相比，在实验中观测到的在 La 组分为 2.6%和 2.8%时出现的变化趋势非常不寻常。此外，这种蓝移的变化趋势和之前理论计算结果的趋势也是相悖的。因此，推测这种变化是由相变引起的晶格结构的变化导致的。

我们知道，PLZST 处于正交相和处于四方相时的晶格常数不尽相同。为了详细阐述其晶格的变化，有必要回顾其具体结构。在 ABO_3 型的钙钛矿结构中有诸多氧八面体 BO_6，在氧八面体中间是 B 位原子，在氧八面体的六个定点为 O 原子。每个氧八面体均通过顶点上的 O 原子相连，即每两个氧八面体共用一个 O 原子。在每八个氧八面体构成的四方体中间的空间为 A 位原子所占据。在用 La^{3+} 替代 Pb^{2+} 时,为了保持电荷的平衡,出现了一些 A 位原子的缺失。同时 La^{3+} 离子半径小于 Pb^{2+} 离子半径,La^{3+} 的替位使得八个氧八面体构成的四方体向中间坍缩。在这两个因素的作用下,氧八面体出现倾斜。而氧八面体的倾斜正是在 ABO$_3$ 结构中出现相变最常见的畸变因素。通过对 PbTiO$_3$ 进行的高压中子散射实验和态函数理论计算表明,在材料体系中存在氧八面体倾斜和自由能极值条件之间的一个竞争。氧八面体的倾斜通过改变键角和键长从而导致正交相的出现,而自由能极值条件又使系统趋向四方相。然而这一系列复杂的因素导致的键角和键长的改变导致了系统晶格结构的改变,进而改变其能带结构。能带结构的改变便导致了实验中所观测到的光学性质的变化,如反射率的变化和介电常数的变化。

3.2.2 PLZST 陶瓷的椭圆偏振光谱研究

1. PLZST 陶瓷的椭圆偏振光谱实验配置

与近入射的反射光谱技术类似,椭圆偏振光谱也探测材料的反射光。如第 2 章所言,椭圆偏振光谱能同时探测反射光的幅度和相位两个物理量,因此在使用椭圆偏振光谱进行拟合时往往能得到更准确的光学常数。相比近入射的反射光谱技术,椭圆偏振光谱的另外一个优点是可以通过构建包括表面粗糙层在内的多层模型来处理数据,从而排除了表面粗糙层对于测试结果的影响。而在近入射的反射光谱中,由于入射角度很小,表面粗糙层的厚度相较波长可以忽略不计,在拟合处理光谱数据时,往往被忽略。

由于椭圆偏振实验对样品表面的粗糙度非常敏感,本书所使用的抛光过程有三步:初步研磨、精细研磨和抛光。此外,在椭圆偏振实验实施之前,陶瓷样品在纯酒精中利用超声波进行严格清洗,再用去离子水漂洗,反复数次。清洗后的样品使用原子力显微镜(atomic force microscope,AFM)测量其表面粗糙度,测量得到的表面粗糙度的均方根为 5 nm 左右。变温椭圆偏振实验在 J. A. Woollam 公司的型号为 VASE 的可见紫外近红外椭偏仪上实施。实验使用的入射角度为 70°。实际测得的光谱能量为 1.12~6 eV(波长为 206~1 100 nm)。由 Instec 单元实现变温控制。椭圆偏振实验的温度区间为 200~780 K,其温度精度为 ±1 K。值得一提的是,变温椭圆偏振实验是在变温 XRD 实验之前实施的,这在椭圆偏振实验中就避免了高温状态下铅的挥发带来的样品变质问题。

2. 椭圆偏振光谱数据分析方法的比较

对于块材样品,传统的椭圆偏振光谱数据的处理手段是直接将实验测得的 Ψ 和 Δ 计算得到介电常数,其关系式如下:

$$\varepsilon_1 = (n_0 \sin \varphi_0)^2 \times \left\{ 1 + \tan^2 \varphi_0 \frac{\cos^2(2\Psi) - \sin^2(2\Psi)\sin^2\Delta}{[1 + \sin(2\Psi)\cos\Delta]^2} \right\}$$

$$\varepsilon_2 = (n_0 \sin \varphi_0 \tan \varphi_0)^2 \times \frac{\sin(4\Psi)\sin\Delta}{[1 + \sin(2\Psi)\cos\Delta]^2}$$

如果继续深入分析介电常数可以得到该材料电子跃迁的信息,常用的方法为标准临界点(standard critical point,SCP)模型,对介电常数的二阶导数进行拟合,相应的电子跃迁的信息可以从 SCP 模型的参数中提取。

传统的处理方法忽略了块材的表面粗糙层,经过本书的分析,即使经过非常细致而严格抛光的块材仍然会有不可忽略的表面粗糙层。这会对分析结果造成影响,尤其是对利用 SCP 模型产生的电子跃迁信息的估测产生影响。本书借鉴在薄膜数据处理中常用的多层模型来处理块材的椭圆偏振光谱数据。在该工作中,首先用三层模型(空气/表面粗糙层/体材料)对 PLZST 陶瓷块材进行建模。其中对于表面粗糙层建模的模型为 Bruggeman 的有效介质近似(effective medium approximation,EMA)模型,采用 50% 的体材料模型和 50% 的空气模型的建模方式。利用建立的三层模型拟合得到 PLZST 陶瓷的粗糙层厚度数值。由于拟合存在数值多解的情况,拟合过程中还参考了 AFM 测得的表面粗糙度。利用粗糙层的厚度和原始的 Ψ 与 Δ,可以在三层模型中直接数值解出 PLZST 陶瓷块材的介电常数。最后,用 SCP 模型研究其跃迁能量的信息[9,10]。图 3.5 为两种方法流程的比较。

如图 3.5 所示,虚线框为得到介电常数后相同的 SCP 模型处理部分。为了区分,本书把这种方式得到的介电常数称为数值反演复介电常数(numerical inverted complex dielectric function,NICDF),而传统方法得出的介电常数称为直接计算介电函数(direct computed complex dielectric function,DCCDF)。图 3.6 是这两种介电常数的比较。

如图 3.6 所示,两种方式得到的介电函数图形相似,但是数值还是有明显的差异,这正是由表面粗糙层的加入而引起的。仔细观察后不难发现,介电常数虚部 ε_2 在低能段的数值的差异主要表现为 NICDF 趋于零,而 DCCDF 并没有趋于零。在

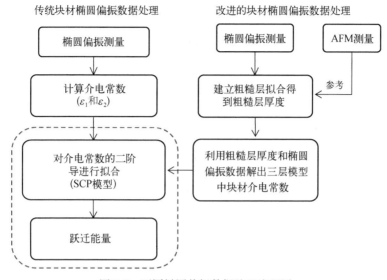

图 3.5　不同椭圆偏振数据处理流程图

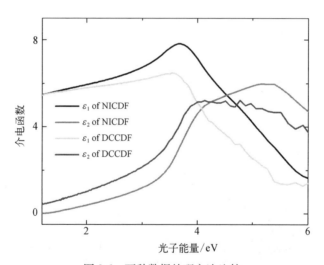

图 3.6　两种数据处理方法比较

小于禁带宽度能量波段的介电常数虚部 ε_2 理论上应该为零,实际上由于带尾态的影响也应逐渐趋于零,在这一点上 NICDF 显然更加符合实际情况。因此在 NICDF 的基础上进行 SCP 模型的研究应该更加接近真实的跃迁能量信息。

3. 不同温度 PLZST 陶瓷的介电常数

对于 PLZST 陶瓷块材的建模,本书使用两个振子的参数化模型,这两个振子的类型非别是 Psemi－M0 和 Psemi－M3,这种模型已经在类似的 PZT 材料中得到应用。表 3.2 是温度为 200 K 时 L2 样品的椭圆偏振光谱的所有拟合参数数值。

表 3.2　Psemi 模型参数

振子类型		振 子 参 数				
Psemi－M0	A	E/eV	B/eV	WL/eV	WR/eV	
	9.67	4.18	0.63	0	9.87	
	PL	PR	AL	AR	O2L	O2R
	0.5	0.99	0.5	0.79	0	1
Psemi－M3	A	E/eV	B/eV	WL/eV	WR/eV	
	118	4.08	0.30	2.67	0	
	PL	PR	AL	AR	O2L	O2R
	0.99	0.5	0.015	0.5	0	0

表 3.2 中, A、E、B 分别为振子振幅、中心能量和展宽, WL 和 WR 分别为振子左右吸收区域宽度, PL 和 PR 分别为振子左右控制点位置, AL 和 AR 分别为振子左右控制点幅度, O2L 和 O2R 分别为二阶多项式因子对于左右边的关联因子。此外, 拟合中 ε_1 补偿常数(ε_1 offset)为 1.83, 粗糙层厚度为 5.16 nm。所有的拟合过程在 WVASE32 软件包里进行。拟合过程中使用加权均方函数。图 3.7(a)为对 Ψ 和 Δ 的拟合结果。

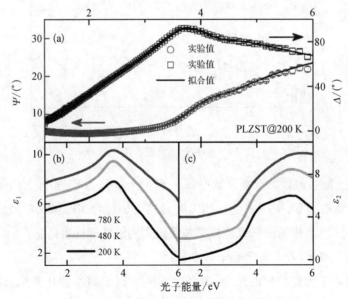

图 3.7　椭圆偏振拟合结果和不同温度下的光学常数

从图 3.7(a)中可以观察到,Ψ 和 Δ 两条曲线的实验值和拟合值的重合度都非常好。这为后续的数据分析提供了坚实的基础。从原始实验数据 Ψ 和 Δ 中得到了每个温度点的 PLZST 的 NICDF。图 3.7(b)显示了在三个温度下的 NICDF。和反射光谱得到的介电常数相比,NICDF 明显要大,这也是椭圆偏振和反射光谱的不同处,在半导体材料 AlN 中也出现了相同的情况,事实证明椭圆偏振得到的数据更接近材料本征的特性。此外,从图中能观察到在复合介电函数中有一个明显的区别。这个区别应该与跃迁能量的变化相关。

4. 不同温度 PLZST 陶瓷中的电子跃迁

为了得到电子跃迁的准确能量位置,本书用 SCP 模型拟合了 NICDF 的二阶导数。图 3.8 显示了在 200 K、320 K、380 K、420 K、480 K 和 780 K 下的 NICDF 的二阶导数和最佳拟合曲线。SCP 模型的公式如下:

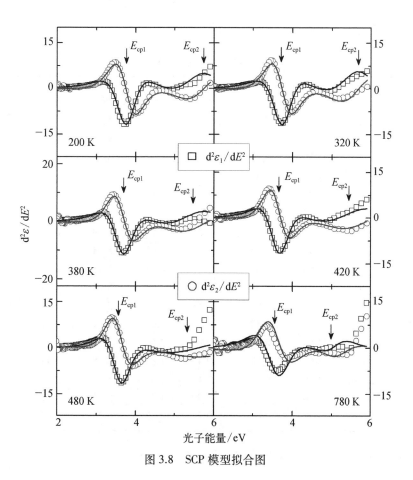

图 3.8　SCP 模型拟合图

$$\frac{\mathrm{d}^2 \varepsilon}{\mathrm{d}E^2} = n(n-1)A_m \exp(\mathrm{i}\phi_m)(E - E_{\mathrm{cp}m} + \mathrm{i}\Gamma_m)^{n-2} \quad (n \neq 0)$$

$$\frac{\mathrm{d}^2 \varepsilon}{\mathrm{d}E^2} = A_m \exp(\mathrm{i}\phi_m)(E - E_{\mathrm{cp}m} + \mathrm{i}\Gamma_m)^{-2} \quad (n = 0) \tag{3.5}$$

A_m、$E_{\mathrm{cp}m}$、Γ_m 和 ϕ_m 分别代表 m 阶跃迁振子的振幅、中心能量、展宽系数和相角。一般而言,指数 n 的数值-1、-1/2、0 和 1/2 分别对应激子、一维、二维、三维跃迁振子谱线形状。在目前的工作中,n 取值为-1,这与之前的有关 PZT 为基础的材料的报道中所取的数值相同。在每个特定的温度下,每个区间被拟合的电子跃迁能量临界点(CP)用箭头指向。为了更清楚地显示数据,表 3.3 列出了一系列拟合参数。可以观察到,所有温度下的相角具有一致性($E_{\mathrm{cp}1}$ 对应 20° 左右,$E_{\mathrm{cp}2}$ 对应 16°左右),这证实了,跃迁振子线性形状的变化能够指向激子变化行为(由 $n=-1$ 表示),也进一步佐证了拟合的可靠性。

表 3.3 SCP 拟合参数

温度/K	E_1振子参数				E_2振子参数			
	A_1	$E_{\mathrm{cp}1}$/eV	Γ_1/eV	ϕ_1/(°)	A_2	$E_{\mathrm{cp}2}$/eV	Γ_2/eV	ϕ_2/(°)
200	1.32	3.76	0.62	20.5	3.13	5.72	1.09	17.2
250	1.29	3.76	0.59	20.3	3.53	5.70	1.15	16.8
300	1.29	3.74	0.60	20.2	3.21	5.64	1.10	16.8
320	1.20	3.73	0.59	20.5	3.11	5.71	1.11	16.9
340	1.34	3.74	0.60	20.3	3.30	5.62	1.06	17.0
360	1.47	3.69	0.63	20.2	2.19	5.49	0.86	17.1
380	1.16	3.66	0.59	20.1	4.65	5.48	1.36	16.4
400	1.25	3.62	0.61	20.0	6.91	5.41	1.66	16.4
420	1.10	3.63	0.59	20.2	7.60	5.45	1.62	16.1
440	1.27	3.61	0.61	20.5	4.66	5.27	1.36	15.6
460	1.34	3.59	0.57	19.5	3.07	5.14	2.70	15.5
480	1.05	3.59	0.59	19.9	2.50	6.31	2.56	15.4
530	1.12	3.62	0.59	20.4	1.85	5.35	1.11	16.2
580	1.15	3.59	0.62	20.1	2.51	5.27	2.66	14.9
680	1.61	3.56	0.65	19.8	1.51	5.11	5.10	14.6
780	1.05	3.51	0.63	19.8	2.88	5.07	5.08	14.4

将表 3.3 的 $E_{\mathrm{cp}1}$ 和 $E_{\mathrm{cp}2}$ 与温度的关系作于图 3.9 中。

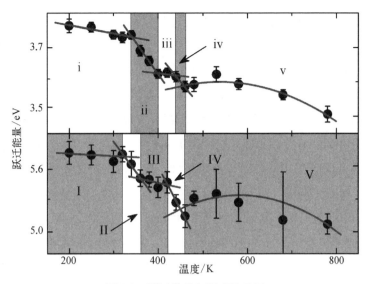

图 3.9 跃迁能量与温度关系图

由图 3.9 可见,E_{cp1} 和 E_{cp2} 都可以被分 5 个部分:E_{cp1} 分为区间 i ~ v,而 E_{cp2} 分为区间 I ~ V,除了在 440 K 出现的多出来的区间 iii 和区间 III,其他结果的变化趋势都和 Deineka 等报道的 PZT 材料的光学禁带宽度的变化规律相似。至于在 440 K 出现的多出的区间 iii 和区间 III,可能与反铁电相相关。反铁电相没有在 PZT 材料中观察到过,但是在观测的样品 PLZST 中有报道,而且温度区间一致,并且这个温度区间和讨论的 PLZST 的 XRD 分析结果也一致。图 3.9 中 E_{cp1} 的前四个区间 (i、ii、iii、iv) 的离散数据点使用线性拟合,在这四个区间中,E_{cp1} 的温度变化系数分别是 2.45×10^{-4} eV/K、1.85×10^{-3} eV/K、1.90×10^{-4} eV/K 和 1.43×10^{-3} eV/K。对于 E_{cp2},在区间 I、II、III、IV 里的温度变化系数分别是 2.08×10^{-4} eV/K、5.47×10^{-3} eV/K、9.88×10^{-4} eV/K 和 7.82×10^{-3} eV/K。在区间 i、iii 和区间 I、III 的数据值是典型的铅基铁电材料温度变化系数值。相比于之前的研究,区间 ii、iv 和区间 II、IV 内的数值比较大。查阅文献得知,区间 ii、II 对应铁电-反铁电相变,区间 iv、IV 对应反铁电-顺电相变,这些与先前的电学实验相吻合。E_{cp1} 和 E_{cp2} 最后的部分与温度的关系都是非线性的,在此区间内,E_{cp1} 在 536 K 达到最大值,而 E_{cp2} 在 575 K 达到最大值。据文献报道,这些现象与 PLZST 陶瓷中的原料 PbO_2 在高温下由于铅的挥发变化为 Pb_3O_4 有关。

5. PLZST 陶瓷的表面形貌和复介电函数

PLZST 陶瓷在温度分别为 200 K、300 K、420 K 和 780 K 下复介电函数的实部

ε_1 与虚部 ε_2,如图 3.10 所示。在数据处理过程中,需要建立一个三层模型(空气/表面粗糙层/体材料)来拟合复介电函数。其中表面粗糙层是通过 EMA 模型(50%的体材料与50%的空气混合)建模得来的。通过椭圆偏振拟合,表面粗糙层的厚度大概为 6 nm,这与通过 AFM 得到的表面形貌十分吻合,如图 3.11 所示。AFM 测得的 PLZST($x = 1.5\%$、2.6%、2.8% 和 3.4%)陶瓷的表面粗糙层的均方根分别为5.99 nm、5.52 nm、4.52 nm 和 5.18 nm。由于入射光斑直径为 1 mm 而晶粒尺寸大约只有 42 nm,所以由表面粗糙层引起的光散射效应可以忽略不计。对于测得的复介电函数 ε,通过两个振子 Psemi – M0 和 Psemi – M3 进行拟合,拟合的软件是J. A. Woollam C 公司提供的 WVASE32 的软件包。拟合得到的 PLZST 陶瓷的复介电函数随温度升高呈现相同的变化趋势。当光子能量小于 3 eV(吸收边附近)时,复介电函数的虚部 ε_2 近似等于 0。进一步增加光子能量,ε_2 呈现两个带间 CP 特征峰,分别位于 3.9 eV 和 5.1 eV,如图 3.10 中箭头所示。另外,当温度为 200 K 时,光谱中的 CP 特征峰非常明显。

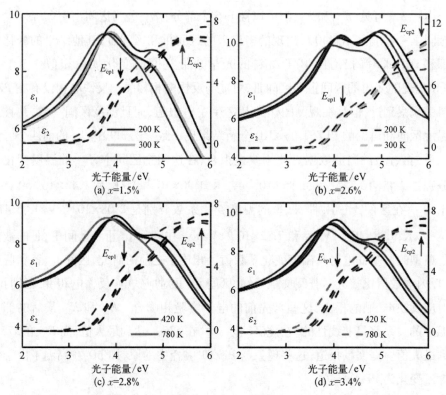

图 3.10　PLZST 陶瓷在温度分别为 200 K、300 K、420 K 和 480 K 时的复介电函数

实部 ε_1 和虚部 ε_2 分别用实线和虚线画出

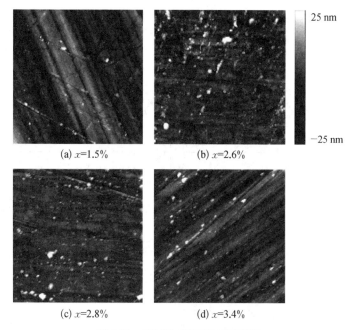

(a) x=1.5%　　　　(b) x=2.6%

(c) x=2.8%　　　　(d) x=3.4%

图 3.11　PLZST 陶瓷的表面形貌

随着温度的升高,CP 特征峰被削弱。例如,当温度为 200 K 时,ε_1 在 5.0 eV 附近的 E_{cp2} 呈现清晰的峰。但当温度升高到 780 K 时,峰削弱成为一个包,这表明温度对复介电函数具有显著的影响。此外,随着温度升高,E_{cp1} 和 E_{cp2} 大致上都呈现红移现象,这可以归因于晶格热膨胀与电子声子耦合作用引起的能带结构的重整化。

6. PLZST 陶瓷带间临界点的温度依赖性

为了获得 CP 能量的精确值和温度依赖性,对复介电函数的二阶导数进行拟合,拟合的模型为 SCP 模型。在拟合过程中,复介电函数的实部和虚部都是同时拟合的。图 3.12(a)是 PLZST 陶瓷在 300 K 时复介电函数的二阶导数和最优拟合曲线。相比于单纯的复介电函数,其二阶导数由于最小化了实验的噪声,故所表现的两个特征峰(E_{cp1} 与 E_{cp2})十分明显。

关于 CP 能量的起源,可以参考态密度泛函计算进行比对。其中,价带最大值 (valence band maximum,VBM)位 X 具有 $X_{4'v}$ 对称性,是由 O p 和 Pb s 态耦合得到的。导带最小值(conduction band minimum,CBM)是由 O s 和 Pb p 态耦合得到的,其具有 X_{1c} 对称性。由于 B 位离子的 d 态作用于 X_{3c} 对称性下的二次导带最小值,E_{cp1} 主要起源于 $X_{4'v}$ 到 X_{1c} 的跃迁。此外,由于 $X_{4'v}$ 到 X_{3c} 的跃迁是被禁止的,E_{cp2} 起源于二次价带($X_{5'v}$)到 X_{1c} 和 X_{3c} 的跃迁。

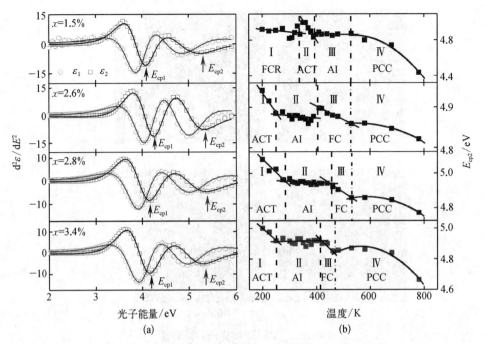

图 3.12　PLZST 陶瓷 300 K 时复介电函数的二阶导数（点线）和
最佳拟合曲线（实线）(a) 及 E_{cp2} 的温度依赖性(b)

虚线为相邻两相的分割边界，虚点线为 FC 与 PCC 的边界。注意，为便于观察 CP 能量通过线性和
非线性拟合在图中画出

为了阐述带间电子跃迁随温度的变化趋势，E_{cp2} 的温度依赖特性如图 3.12(b)
所示。E_{cp1} 呈现出类似的温度变化趋势，书中没有给出。对于 PLZST($x=1.5\%$)，
E_{cp2} 可以分为四个部分：铁电公度三方相(ferroelectric commensurate rhombohedral,
FCR)、反铁电公度四方相(antiferroelectric commensurate tetragonal, ACT)、反铁电无
公度相(antiferroelectric incommensurate, AI)和顺电公度立方相(paraelectric
commensurate cubic, PCC)。对于 PLZST($x=2.6\%$、2.8% 和 3.4%)，带间跃迁可以分
为三个部分，包括 ACT、AI 和 PCC，其中铁电电子云态(ferroelectric cluster, FC)位
于 PCC 中。如图所示，所用样品的带间跃迁 E_{cp2} 随温度大致呈红移趋势，除了某些
特殊的温度区域，这与之前复介电函数得到的结论一致。图中，前三个部分的能量
可以进行线性拟合，拟合得到的温度系数为 10^{-4} 量级，该值与典型钙钛矿材料十分
吻合。然而，Ⅳ部分(PCC)的 E_{cp2} 随温度呈现非线性相关，这可能是由于随温度升
高，PbO_2 分解为 Pb_3O_4。对于 PLZST($x=2.6\%$、2.8% 和 3.4%)，在 PCC 中存在一个
有趣的态，称为 FC，其出现在 AI 温度区域之上。据报道，在 FC 中，极化电场曲线

$(P\text{-}E)$呈现细长的形态,这表明出现了铁电微畴。另外注意,PLZST($x=1.5\%$)的第Ⅱ部分和PLZST($x=2.6\%$、2.8%和3.4%)的第Ⅲ部分的温度系数十分小,这时可以认为E_{cp2}具有随温度独立性。因此,该区域的温度系数相比于其他区域的温度系数发生突变。这种特殊的现象可以归因于 AI 的出现。当调制波长与基本结构周期之比为公度(有理数)时,为公度调制结构,也就是公度相;为无理数时,为无公度相。无公度调制现象已经通过 TEM 中的选区电子衍射(selected area electron diffraction,SAED) 在$PbZrO_3$与$PbZrO_3$基铁电和反铁电钙钛矿材料中得到证实。相比于E_{cp1},E_{cp2}对 AI 更敏感。这是由于E_{cp2}源于$X_{5'v}$到X_{1c}和X_{3c}的跃迁,而 La 掺杂对E_{cp2}影响更大。另外,AI 的出现是由于 La 的引入。因此,E_{cp2}相比于E_{cp1}对 AI 更为敏感。

3.2.3　PMN‐PT 单晶的紫外透射光谱

1. PMN‐PT 晶体透射光谱及结构

对于$Pb(Mg_{1/3}Nb_{2/3})O_3$‐$PbTiO_3$(简称 PMN‐PT)铁电单晶,光谱损耗来源于两方面的因素:畴壁和基础能带吸收。这种机制在入射光子能量越来越接近材料的禁带宽度时更加明显[11-14]。例如,图 3.13(a)和(b)分别是$Pb(Mg_{1/3}Nb_{2/3})O_3$‐$0.12PbTiO_3$(简记为 PMN‐0.12PT,余同)的透射光谱和 XRD 谱。透射光谱的吸收边随着温度的升高展现出很典型的红移现象。这种现象广泛存在于大多数的半导体和介电材料中。除此之外,透明区的透过率在高温区域不断降低。随着温度的升高,畴壁区域的边界越来越容易被打破。晶体内部原本长程的有序性会渐渐演变为短程的有序性。与此同时,有序的畴壁结构会碎裂为很多小的有序畴结构。随着新畴的形成,更多的缺陷在畴的内部形成。因此,这些缺陷以及畴壁结构的引入必将导致透射光谱的变化。与此同时,XRD 谱在三方相区域中只有一个峰,而在四方相区域中却分裂为两个峰。如图 3.13(b)所示,PMN‐0.12PT 单晶的单峰没有任何分裂的趋势,因此可以得到它在室温下为纯的三方相结构。然而,从图 3.14 中可以看到,随着 PT 组分的增加,单峰逐渐分裂并且向更高的衍射角度偏移。在准同型相界区域,XRD 谱峰清晰分裂。这暗示了四方相的出现,其中也可能存在单斜相或者正交相结构。这种单斜相具有Pm空间群结构。

通常,人们常用$(\alpha h\nu)^2$来得到禁带宽度。这个禁带宽度对应的是直接带隙跃迁。其中,α是吸收系数。图 3.13(a)中插图的纵坐标是$(\alpha h\nu)^2$,横坐标是光子能量。通过将曲线的主体部分延长到x轴,可以得到该函数对应的禁带宽度。

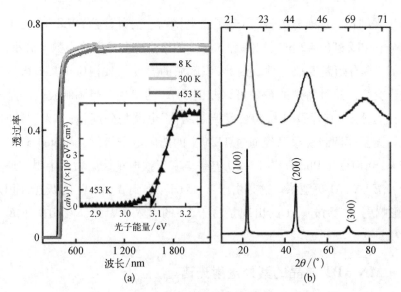

图 3.13　PMN－0.12PT 单晶原始的透射光谱(a)及 XRD 谱(b)

注：插图为使用拉线法得到单晶禁带宽度的示意图

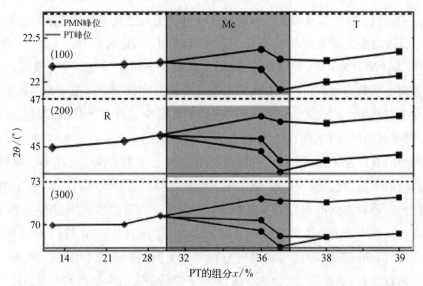

图 3.14　各个组分的 XRD 谱峰位随温度的变化关系

PMN 指 Pb($Mg_{1/3}Nb_{2/3}$)O_3；PT 指 $PbTiO_3$；R 指三方相；T 指四方相；Mc 指单斜相

2. 温度对 PMN－PT 单晶电子跃迁的影响

所有得到的禁带宽度值展示在图 3.15 中。这些现象可以被分成四个区域。图 3.15(a)和(b)分别是 3 个较低组分单晶的低温和高温区域禁带宽度变化规律。

可以观察到,除了 PMN - 0.30PT 单晶之外其他组分的禁带宽度随着温度的升高而降低。PMN - 0.30PT 单晶在温度为 300 K 的时候出现一个极大值。这种特殊的现象可以归结为该组分晶体中存在单斜相与三方相的多相混合。图 3.15(c) 和(d) 分别是四个相对高组分单晶的高温和低温区域。在低温区域(200 K 以下),各组分禁带宽度随温度升高的下降速率几乎一致。在这一区域的各条曲线之间几乎是平行的状态。这可以归结为在低温下电子的低活性和更加牢固的晶体结构。在高温区域(400 K)以上,曲线也展现出相似的准平行状态。当温度达到居里温度时,发生铁电-顺电相变。所有的单晶都会变为立方相结构。这会导致电子能带结构的稳定。在 200~400 K,在准同型相界附近单晶的禁带宽度变化速率相对于三方相和四方相附近的单晶禁带宽度变化速率来说更小。这从图中原本禁带宽度较大的四方相区域单晶(PMN - 0.38PT 和 PMN - 0.39PT)的禁带宽度随着温度增加而逐渐被原本禁带宽度较小的准同型相界附近单晶(PMN - 0.36PT 和 PMN - 0.37PT)的禁带宽度赶超并出现一个 300 K 附近的交叉点可以看出。较小的禁带宽度变化规律是由于准同型相界附近的多相混合状态导致的。值得强调的是,准同型相界附近的单晶晶体结构更加不稳定并且更易被破坏。

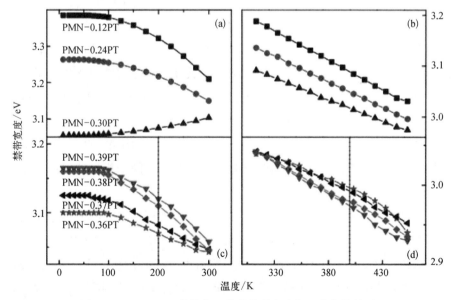

图 3.15　PMN - PT 单晶各组分的禁带宽度与温度依赖关系

为了得到一个以实验为依据且以温度和组分为变量的弛豫铁电单晶 PMN - PT 的通项公式,所有的数据都通过一个标准的多项式进行拟合。拟合公式为

$$E_g(x, T_{exp}) = E_0 + E_1(x) + E_2(T_{exp}) + E'(x, T_{exp}) + E''(x, T_{exp})$$

式中，x 为组分，$0.1 \leqslant x \leqslant 0.4$；$T_{exp}$ 为温度，$8 \text{ K} \leqslant T_{exp} \leqslant 453 \text{ K}$；$E_0$ 为 PT 的禁带宽度；$E_1(x)$ 和 $E_2(T_{exp})$ 为公式的主体部分；$E'(x, T_{exp})$ 为公式的一阶修正；$E''(x, T_{exp})$ 为公式的二阶修正。能量的单位为电子伏特（eV）。所有参数通过拟合得到的结果如下：

$$E_0 = 2.515$$

$$E_1(x) = 14.343x - 69.756x^2 + 95.816x^3$$

$$E_2(T_{exp}) = -1.317 \times 10^{-4} T_{exp} + 4.245 \times 10^{-6} T_{exp}^2$$

$$E'(x, T_{exp}) = (-0.001x + 0.015x^2 - 0.031x^3) T_{exp}$$

$$E''(x, T_{exp}) = [(-9.025 \times 10^{-5})x + (4.073 \times 10^{-4})x^2 - (5.41 \times 10^{-4})x^3] T_{exp}^2$$

值得一提的是，E_0 与 PT 单晶在立方相区域的禁带宽度非常吻合。PT 单晶禁带宽度是由 Perdew - Burke - Ernzerhof（PBE）模型提出的局部密度近似和广义梯度近似得到的。当温度达到 766 K 时，PT 的禁带宽度发生从铁电相到顺电相的相变。空间群由 $4mm(C_{4v})$ 变为 $m3m(O_h)$。有报道指出，PMN - PT 单晶中 PT 组分的变化直接影响着材料的极化性质。随着 PT 组分的增加，具有双折射现象的宏观畴将会被摧毁，这将会导致晶体长程有序性的破坏。畴结构的变化暗示了极化特性的变化。PT 组分达到准同型相界附近时，介于四方相与三方相之间的中间相以及单斜相对称引起的极化反转将会导致非常大的压电响应。在这一区域中，Nb 原子、Mg 原子，以及 Pb 原子在晶格中的比率达到一个特定的值。此时，晶格的无序程度将达到最大。因此，某些中间能级的引入将会使准同型相界处出现禁带宽度的极小值。

温度是另外一个决定 PMN - PT 单晶极化特性的因素。一些实验结果已经证明，对 PMN - PT 单晶施加外加电场可以使其出现计划反转。另外，PMN - PT 中的极化纳米畴也会随着温度的变化而改变。当温度升高时，PMN - PT 单晶固有的电极化强度将会破坏晶体中的电荷平衡并且释放多余电荷。与此同时，由单晶的自发极化产生的束缚电荷将会被晶体表面与空气接触处存在的自由电子中和。自发极化产生的电偶极矩无法展示出来。PMN - PT 单晶的正负电荷中心发生相对位移。同时，晶体的自发极化强度随着温度的升高而降低。这会导致不同的光谱响应行为。

　　图 3.16 从两个角度展示了一个三维拟合图。除了 PMN - 0.30PT,其他组分的拟合数据都与实际值吻合。不仅如此,拟合的数据与之前有关 PMN - PT 单晶禁带宽度的报道也非常吻合,尤其是对于其单晶的数据。

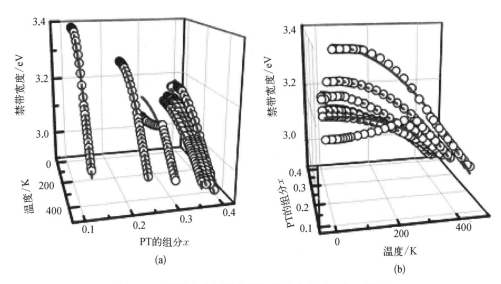

(a)　　　　　　　　　　(b)

图 3.16　禁带宽度原始数据与拟合公式对比的三维图

　　图 3.17(a)是准同型相界附近 PIN - PMN - 0.35PT 单晶、PIN - PMN - 0.33PT 单晶、PIN - PMN - 0.31PT 单晶、PIN - PMN - 0.29PT 单晶[①]的反射光谱,光谱能量是 0.47~6.5 eV。从反射光谱 3.1 eV 处可以见到一个明显的波谷,对应于透射光谱中所测得的基本带间跃迁。而在高能处有两个明显的波峰,对应于临界点 E_a 带间跃迁 $X_{4'v} \rightarrow X_{1c}$ 和临界点 E_b 带间跃迁 $X_{5'v} \rightarrow X_{3c}$。随着 PT 组分的增加,在准同型相界附近 PIN - PMN - PT 临界点 E_a 带间跃迁蓝移,PIN - PMN - 0.29PT 临界点 E_a 带间跃迁 3.68 eV 增大到 PIN - PMN - 0.35PT 临界点 E_a 带间跃迁 3.71 eV,而 PIN - PMN - 0.29PT 临界点 E_b 带间跃迁 4.74 eV 减小到 PIN - PMN - 0.35PT 临界点 E_b 带间跃迁 4.56 eV。图 3.17(b)是 PMN - 0.12PT 单晶、PMN - 0.24PT 单晶、PMN - 0.30PT 单晶、PMN - 0.31PT 单晶的反射光谱。表 3.4 列出了弛豫铁电体 PIN - PMN - PT 和 PMN - PT 临界点 E_a 带间跃迁 $X_{4'v} \rightarrow X_{1c}$ 和临界点 E_b 带间跃迁 $X_{5'v} \rightarrow X_{3c}$ 随 PT 组分的变化规律。临界点 E_b 带间跃迁和基本跃迁带隙跃迁规律一致,都

---

　　① 铌铟酸铅-镁铌酸铅-钛酸铅[$Pb(In_{1/2}Nb_{1/2})O_3 - Pb(Mg_{1/3}Nb_{2/3})O_3 - xPbTiO_3$,记为 PIN - PMN - xPT]。

是随着 PT 组分的增大而减小,而临界点 E_a 带间跃迁却和这两者完全不同,显示出其反常规律。这种反常规律揭示出弛豫铁电体 PIN - PMN - PT、PMN - PT 复杂的电子能带结构。

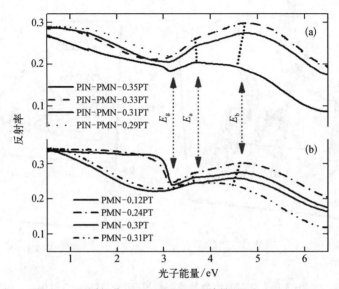

图 3.17 不同组分 PIN - PMN - PT 单晶(a)和 PMN - PT
单晶(b)带隙及带隙以上临界点跃迁

表 3.4 弛豫铁电体 PIN - PMN - PT 和 PMN - PT 临界点 E_a
带间跃迁、临界点 E_b 带间跃迁位置参数

钙钛矿铁电体	临界点 E_a 带间跃迁 $X_{4'v} \to X_{1c}$ /eV	临界点 E_b 带间跃迁 $X_{5'v} \to X_{3c}$ /eV
PIN - PMN - 0.35PT	3.71	4.56
PIN - PMN - 0.33PT	3.7	4.62
PIN - PMN - 0.31PT	3.69	4.68
PIN - PMN - 0.29PT	3.68	4.74
PMN - 0.12PT	3.59	4.61
PMN - 0.24PT	3.6	4.56
PMN - 0.30PT	3.61	4.51
PMN - 0.31PT	3.62	4.45

图 3.18(a)是三方相 PMN - 0.12PT 单晶的反射光谱,图 3.18(b)是其透射光谱。可以看到,三方相 PMN - 0.12PT 透射光谱在 3.1 eV 后有一个明显的下降,且

其在反射光谱中也能清晰地观察到。注意到这种在禁带宽度附近透过率随着光子能量增大而快速下降只有在远离准同型相界处才能清晰地观察到。有关准同型相界附近 PMN - PT 单晶和 PIN - PMN - PT 单晶透射光谱随温度变化规律将在后面详细讨论。三方相 PMN - 0.12PT 单晶禁带宽度 E_g 随着温度的上升而下降,和之前提出的针对弛豫铁电单晶电子能带结构模型预测的结果完全一致。PMN - 0.12PT 单晶临界点 E_a 带间跃迁 $X_{4'v} \rightarrow X_{1c}$ 和临界点 E_b 带间跃迁 $X_{5'v} \rightarrow X_{3c}$ 随着温度的升高也有着类似的规律。

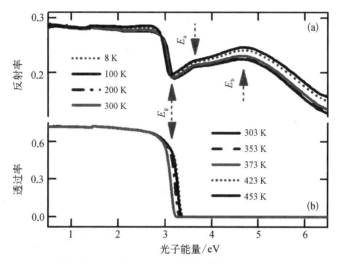

图 3.18　不同温度下三方相 PMN - 0.12PT 单晶反射(a)及透射(b)光谱

图 3.19(a)是三方相 PMN - 0.24PT 单晶 303～453 K 的反射光谱。在 303 K 可以在 3.15 eV 看到一个波谷,这对应于图 3.19(b)从透射光谱中所观察到的透过率急剧下降为零的基本带隙。在高能区,临界点 E_a 带间跃迁 $X_{4'v} \rightarrow X_{1c}$ 位置在 3.6 eV,临界点 E_b 带间跃迁 $X_{5'v} \rightarrow X_{3c}$ 位置在 4.56 eV。随着温度的上升,高能区临界点 E_a 和临界点 E_b 分别下降,并在 453 K 下降为 3.56 eV 和 4.51 eV。高能区临界点 E_a 从 303 K 到 453 K 的变化为 40 meV,比临界点 E_b 变化量(50 meV)小 10 meV,显示出其更容易受到温度的影响。和同是三方相的 PMN - 0.12PT 单晶相比,在 303 K 时三方相 PMN - 0.24PT 单晶临界点 E_a 位置是 3.6 eV,略大于其在三方相的 PMN - 0.12PT 单晶跃迁位置(3.59 eV)。而临界点 E_b 变化规律则反之,三方相的 PMN - 0.12PT 单晶带间跃迁 $X_{5'v} \rightarrow X_{3c}$ 位置在 4.61 eV,比三方相 PMN - 0.24PT 单晶对应的带间跃迁能级位置低 50 meV。

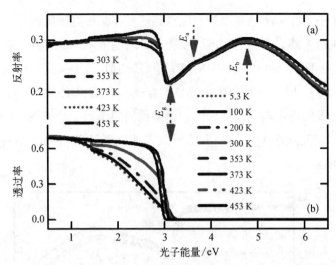

图 3.19　不同温度下三方相 PMN－0.24PT 单晶反射（a）及透射（b）光谱

　　弛豫铁电体在准同型相界附近有着复杂的结构,研究其在准同型相界附近的透射和反射光谱有助于理解 PMN－0.30PT 单晶的电子能带结构。图 3.20（a）和（b）分别是位于准同型相界处 PMN－0.30PT 单晶的透射光谱和反射光谱。透射光谱温度为 8~453 K,而反射光谱为 303~393 K。从图 3.20（c）中可以发现在室温以下 PMN－0.30PT 单晶的透射光谱有着反常规律,即在室温以下随着温度的上升禁带宽度变大;而在室温以上,从图 3.20（d）中看到禁带宽度随温度的变化又呈现出正常的规律,即在室温以上随着温度的上升禁带宽度变小。这种奇特的禁带宽度随温度变化规律揭示了这种弛豫铁电体随温度复杂的相结构变化。在室温以下准同型相界处 PMN－PT 有着多相共存的现象。这种多相共存一般认为是至少两种相的共存,即三方相或者四方相和中间相的共存。在准同型相界处相结构是三方相还是四方相是由 PT 组分来决定的,组分高时是四方相,组分低时是三方相,而中间相又可以分为单斜相和/或正交相。室温以下由于是多相共存的变化,相比例变化导致随着温度的升高尽管各个相的禁带宽度都在变小,但是较大禁带宽度的三方相比例增大,导致总的禁带宽度变大。而在室温以上,由于只存在单一的相,随着温度的升高,禁带宽度体现出正常的变化规律。

　　同样处于准同型相界的 PMN－0.31PT 单晶也有着和 PMN－0.30PT 单晶类似的透射光谱和反射光谱随温度的变化规律,反映出其类似的电子能带结构。从图 3.21（a）可见 PMN－0.31PT 单晶临界点 E_a 从 303 K 时的 3.62 eV 下降到 353 K 时的 3.61 eV,并在 453 K 时达到 3.57 eV;而临界点 E_b 从 303 K 时的 4.45 eV 下降到

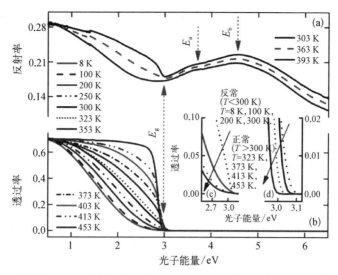

图 3.20　不同温度下准同型相界区域 PMN-0.30PT 单晶反射(a)及透射(b)光谱

插图(c)为 PMN-0.30PT 室温下反常的禁带宽度随温度变化；
(d)为 PMN-0.30PT 室温以上正常的禁带宽度随温度变化

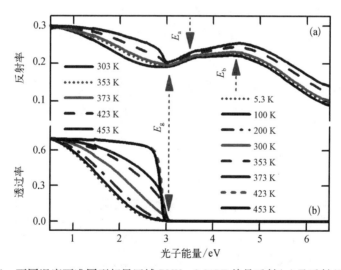

图 3.21　不同温度下准同型相界区域 PMN-0.31PT 单晶反射(a)及透射(b)光谱

353 K 时的 4.44 eV,并在 453 K 时达到 4.44 eV。有关不同 PT 组分的 PMN-PT 单晶临界点 E_a 和临界点 E_b 能量位置随温度变化规律见表 3.5。从表 3.5 中可见,无论是三方相 PMN-0.12PT 和 PMN-0.24PT 还是准同型相界 PMN-0.30PT 和 PMN-0.31PT 临界点 E_a 和临界点 E_b 能量位置在室温以上都是随着温度的上升而下降的,这可以用晶格热膨胀和电子-声子相互作用来解释。

表 3.5　弛豫铁电体 PMN‐PT 临界点 E_a、临界点 E_b 带间跃迁随温度变化规律

PT 组分 x	临界点	带间跃迁	不同温度下对应的能量/eV				
			303 K	353 K	373 K	423 K	453 K
0.12	E_a	$X_{4'v} \to X_{1c}$	3.59	3.58	3.57	3.56	3.54
0.12	E_b	$X_{5'v} \to X_{3c}$	4.61	4.6	4.59	4.57	4.56
0.24	E_a	$X_{4'v} \to X_{1c}$	3.6	3.59	3.58	3.57	3.56
0.24	E_b	$X_{5'v} \to X_{3c}$	4.56	4.55	4.54	4.52	4.51
0.3	E_a	$X_{4'v} \to X_{1c}$	3.61	3.6	3.59	3.58	3.57
0.3	E_b	$X_{5'v} \to X_{3c}$	4.51	4.5	4.48	4.47	4.46
0.31	E_a	$X_{4'v} \to X_{1c}$	3.62	3.61	3.59	3.58	3.57
0.31	E_b	$X_{5'v} \to X_{3c}$	4.45	4.44	4.43	4.42	4.4

3. 温度对 PIN‐PMN‐PT 单晶电子跃迁的影响

图 3.22 是四方相 PIN‐PMN‐0.35PT 单晶在 0.5~6.5 eV 反射光谱和透射光谱随温度变化。图中可以看到其禁带宽度附近的透射光谱随着光子能量上升快速下降,但没有 PMN‐PT 单晶那样陡峭,这反映出其由于有了 In 在 B 位而导致更复杂的电子能带结构。另外,反射光谱随温度的变化是十分明显的。在 303~453 K,可以计算得到在靠近禁带宽度 3.15 eV 处反射率的变化是从 303 K 时的 0.12 升高到 453 K 时的 0.16,在靠近临界点 E_a 处反射率的变化是从 303 K 时的 0.13 升高到 453 K 时的 0.18,这和靠近临界点 E_b 处反射率的变化相同。

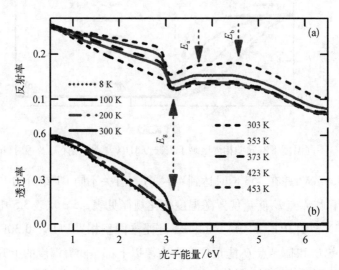

图 3.22　不同温度下四方相 PIN‐PMN‐0.35PT 单晶反射(a)及透射(b)光谱

准同型相界处 PIN - PMN - 0.33PT 单晶反射及透射光谱更复杂。图 3.23(a)
是 PIN - PMN - 0.33PT 单晶反射光谱,从中可以看到和四方相 PIN - PMN - 0.35PT
单晶反射光谱最大的不同是其临界点 E_b 明显强于临界点 E_a。在 303 K 时,临界点
E_b 反射率是 0.27,明显高于此时临界点 E_a 反射率 0.25;而在 453 K 时,临界点 E_b 反
射率增大到 0.30,比此时临界点 E_a 反射率 0.26 更大。临界点 E_b 反射率在从 303 K
到 453 K 增大了 0.03,而临界点 E_a 反射率只增大了 0.01,可见在准同型相界处
PIN - PMN - 0.33PT 单晶临界点 E_b 受温度效应比临界点 E_a 变化更大。从图
3.23(b)可见,PIN - PMN - 0.33PT 单晶透射光谱无论是在低温 8 K 时还是在 300 K
时,在光子能量小于禁带宽度区域,随着光子能量的上升,透过率下降得都很平稳,
没有出现如 PMN - PT 单晶在禁带宽度附近透过率快速下降到零的现象。这种现
象也反映出准同型相界 PIN - PMN - 0.33PT 单晶在室温以下存在多相共存。

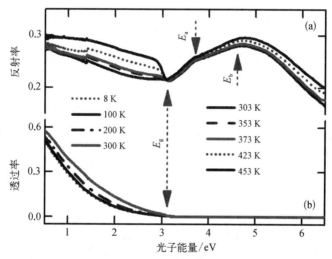

图 3.23　不同温度下准同型相界区域 PIN - PMN - 0.33PT 单晶反射(a)及透射(b)光谱

在准同型相界区域,本书还研究了随着 PT 组分下降其透射和反射光谱的变化
规律。图 3.24 是准同型相界区域 PIN - PMN - 0.31PT 单晶反射及透射光谱随温度
变化的规律。和 PIN - PMN - 0.33PT 单晶反射类似的是其临界点 E_b 明显强于临界
点 E_a,而且临界点 E_b 随温度变化量要大于临界点 E_a,这可以认为是准同型相界区
域 PIN - PMN - PT 单晶反射光谱不同于其四方相反射光谱的一个重要特征。另外
可以看到,在准同型相界处随着 PT 组分的减小,其透射光谱在光子能量靠近禁带
宽度区域下降得更陡峭,这更接近理想半导体禁带宽度附近透过率随光子能量上

升而快速下降理论,反映出其结构更稳定,这也与解释 PMN‒PT/PIN‒PMN‒PT 反常光学性质的模型一致。

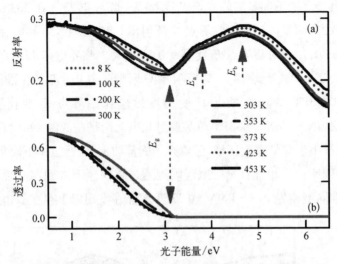

图 3.24 不同温度下准同型相界区域 PIN‒PMN‒0.31PT 单晶反射(a)及透射(b)光谱

随着 PT 组分继续减小,PIN‒PMN‒0.29PT 单晶已经离开了准同型相界区域,其结构在室温下是三方相。从图 3.25 可见,其有着与准同型相界处 PIN‒PMN‒0.31PT 单晶和 PIN‒PMN‒0.35PT 单晶类似的反射光谱特征,即临界点 E_b 处反射率明显高于临界点 E_a 处反射率。在 303 K 时临界点 E_b 反射率是 0.30 而临

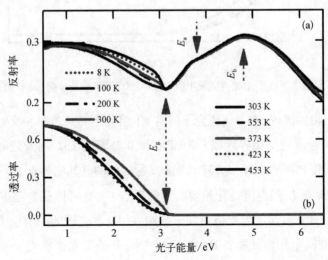

图 3.25 不同温度下三方相 PIN‒PMN‒0.29PT 单晶反射(a)及透射(b)光谱

界点 E_a 反射率是 0.27,随着温度的升高,在 453 K 时临界点 E_b 反射率是 0.31 而临界点 E_a 反射率是 0.28。这种随温度的变化量明显小于准同型相界处 PIN－PMN－0.31PT 单晶和 PIN－PMN－0.35PT 单晶临界点 E_a 和临界点 E_b 的变化量。分析比较三方相 PIN－PMN－0.29PT 单晶、准同型相界处 PIN－PMN－0.31PT 单晶和 PIN－PMN－0.35PT 单晶、四方相 PIN－PMN－0.29PT 单晶临界点 E_a 和临界点 E_b 特征及其随温度变化规律,发现三方相 PIN－PMN－0.29PT 单晶临界点 E_a 和临界点 E_b 随温度变化最小,四方相 PIN－PMN－0.35PT 单晶临界点 E_a 和临界点 E_b 随温度变化最大且只有四方相临界点 E_a 和临界点 E_b 反射率强度一样大。有关 PIN－PMN－PT 单晶临界点 E_a、临界点 E_b 带间跃迁随温度变化规律列于表 3.6。

表 3.6　弛豫铁电体 PIN－PMN－PT 临界点 E_a、临界点 E_b 带间跃迁随温度变化规律

PT 组分 x	临界点	带间跃迁	不同温度下对应的能量/eV				
			303 K	353 K	373 K	423 K	453 K
0.35	E_a	$X_{4'v} \rightarrow X_{1c}$	3.71	3.7	3.69	3.67	3.66
0.35	E_b	$X_{5'v} \rightarrow X_{3c}$	4.56	4.55	4.54	4.53	4.51
0.33	E_a	$X_{4'v} \rightarrow X_{1c}$	3.7	3.69	3.68	3.67	3.66
0.33	E_b	$X_{5'v} \rightarrow X_{3c}$	4.62	4.6	4.59	4.58	4.57
0.31	E_a	$X_{4'v} \rightarrow X_{1c}$	3.69	3.68	3.67	3.66	3.65
0.31	E_b	$X_{5'v} \rightarrow X_{3c}$	4.68	4.67	4.66	4.64	4.63
0.29	E_a	$X_{4'v} \rightarrow X_{1c}$	3.68	3.67	3.66	3.64	3.63
0.29	E_b	$X_{5'v} \rightarrow X_{3c}$	4.74	4.72	4.71	4.7	4.69

3.2.4　PMN－PT 单晶的椭圆偏振光谱

1. 不同温度下的椭圆偏振光谱

所有单晶在不同相结构下的光学性质都通过基于反射原理的椭圆偏振光谱仪测得。这是一种灵敏并且无损的光学检测技术。这种检测技术可以通过检测样品表面的倾斜反射光得到详细的偏正光的振幅以及相角的相对变化。众所周知,复数介电函数在本质上与能带结构和电子跃迁存在确切的联系。除此之外,很多光学常数都会在相变导致的结构变化发生后产生明显的变化。光学禁带宽度、介电函数和单晶的表面粗糙层厚度,拟合并得到空气/表面粗糙层/单晶。表面粗糙层是由 EMA 模型建模得到的。所有单晶的复数介电函数都是由参数振子 Psemi－M0 和 Psemi－M3 估算出来的。正如图 3.26 所示,三层模型与 Ψ 和 Δ 吻合得非常好。拟合得到的粗糙层厚度为 8 nm±3 nm。考虑到粗糙层厚度的准确性,所有单晶由原始实验光谱计算出的在各个温度下的复数介电函数的数值反演都被计算出来。图 3.26(b)是复数介电函数在 200 K 以及 400 K 处的反演。进一步的研究都是基于这个数值反演进行的。图 3.26(c)是所有 PIN - PMN - PT 单晶的复数介电函数虚部 ε_2 在 3 eV 处的温度依赖关系(200~750 K)。值得一提的是,这个温度范围包含 PIN - PMN - PT 单晶所有的相变温度。明显可以看到,介电函数虚部在 3 eV 处的强度随着温度的降低而增加。众所周知,B 位原子的排序可以影响电子能带结构以及介电函数的虚部。同样,晶格热膨胀以及氧空位也都很大程度上影响着能带结构的形成并且间接导致介电函数虚部的衰减。介电函数虚部强度在高温以及低温区域都很稳定,但是却在 380~455 K 表现出一个下降的趋势。这个特征温度范围与之前通过介电光谱测试过的 PIN - PMN - 0.32PT 单晶的三方相→四方相相变温度(391 K)以及居里温度(465 K)非常吻合。在 380 K 处可以看到介电函数虚部在 3 eV 处的强度由一个常数转变为一个上升趋势,然后在 455 K 以后变为一个常数。这个现象可以归结于极化纳米畴增强的相关性或者极化团簇耦合的

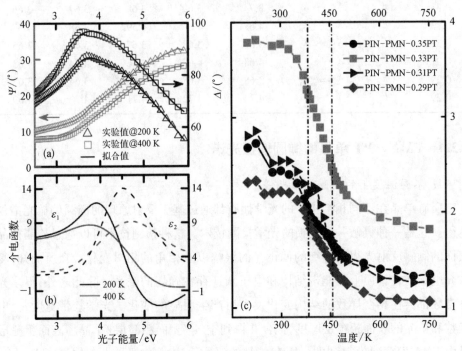

图 3.26　椭圆偏振光谱原始数据及拟合后数据(a)(b)及各组
分单晶介电函数在 3 eV 处数值的温度依赖关系(c)

出现。值得注意的是 PIN‑PMN‑0.33PT 的 ε_2 是所有晶体中最大的。介电函数虚部表征的是吸收情况。这种异常现象是因为 PIN‑PMN‑0.33PT 在准同型相界处。该区域内有明显的晶格结构紊乱现象。这种晶格结构紊乱就会导致光谱的强吸收。

PIN‑PMN‑PT 单晶变温介电函数虚部的二阶导函数如图 3.27 所示。四个带间跃迁能量被明显地标注出来。这四个带间跃迁能量按照能量递增的顺序分别被标注为 E_a、E_b、E_c 和 E_d。图 3.27（a）～（c）中标 * 号的位置所示，PIN‑PMN‑0.29PT、PIN‑PMN‑0.31PT、PIN‑PMN‑0.33PT 的 E_a 只存在于 380 K 以前的温度区间中。然而，PIN‑PMN‑0.35PT 的 E_a 却一直都存在。随着温度的增加，三个跃迁能量 E_a、E_b 和 E_c 都出现红移的现象。值得注意的是，在 PIN‑PMN‑0.33PT 的

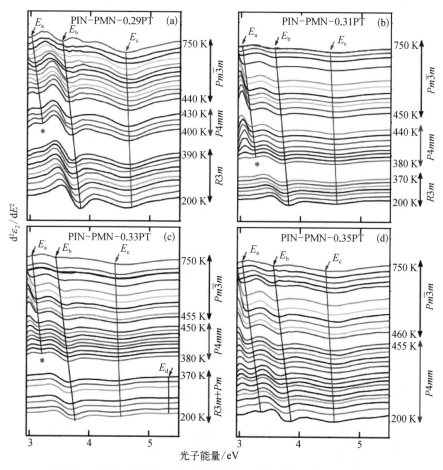

图 3.27　各组分单晶的二阶导原始数据在各相结构下的温度依赖关系

低温区域有一个能量在 5.4 eV 附近的较弱的能量振子 E_d。有趣的是，这些带间跃迁能量出现跳变的温度点和之前报道过的 PIN-PMN-PT 单晶的相变温度非常吻合。这提供了一个直接的证据：介电函数虚部的二阶导函数可以明确地分辨相结构演变。

2. 不同温度的高能电子跃迁

为了进一步研究能带结构，对介电函数的二阶导函数进行拟合[15]，并使用 SCP 模型对数据进行分析。该模型已成功应用于半导体材料以及铁电材料中。相比于其他的模型，SCP 模型能够准确联系相变过程以及光学能带。SCP 模型拟合公式见式(3.5)。

对于本书块体材料，n 为 1/2。图 3.28 是 PIN-PMN-0.33PT 单晶的介电函数二阶导实验值以及拟合值分别在 200 K、400 K 以及 700 K 处的值。

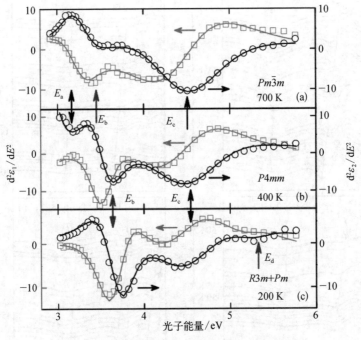

图 3.28　PIN-PMN-0.33PT 单晶在各温度下的
SCP 模型拟合数据与原始数据对比

图 3.29 是四个跃迁能量值随温度的变化关系。相比于电学实验得到的数据，这些带间跃迁能量在不同的晶体相结构中表现出明显的演变规律差异。值得注意的是，所有结果都是由单晶得到的，因此畴壁演变的影响几乎可以忽略不计。这意

味着,温度变化以及带间跃迁本质上都源自相结构变化带来的能带结构变化。有趣的是,E_d 可以被认为是准同型相界区域的标志。因为它是准同型相界独有的跃迁能量并且消失的温度点和准同型相界边界温度点很吻合。随着温度的增加,在准同型相界处的 PIN – PMN – 0.33PT 单晶出现了单斜相→四方相的相变。该相变发生在 380 K,这与 E_d 消失的温度非常吻合。这也印证了推断。参数 E_a 对四方相→立方相相变非常敏感。它的异常意味着四方相→立方相相变的发生。当四方相→立方相相变发生时,跃迁能量 E_b 和 E_c 都表现出明显的跳变,如图 3.29 所示,E_a 在四方相区域的斜率要明显大于其在立方相区域的斜率。同时,E_a 在四方相→立方相相变发生时为一个常数。除此之外,E_a 的出现意味着三方相→四方相相变的发生。值得注意的是高温区域的带间跃迁能量与通过透射以及反射光谱得到的带间跃迁能量非常吻合。

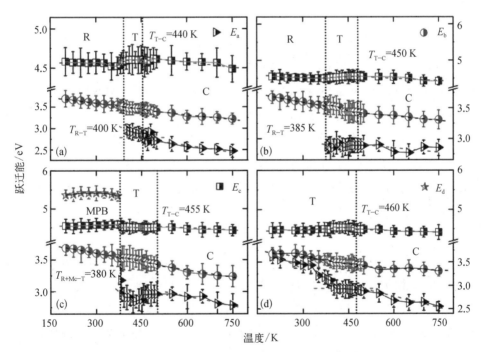

图 3.29 (a) PIN – PMN – 0.29PT,(b) PIN – PMN – 0.31PT,(c) PIN – PMN – 0.33PT 和(d) PIN – PMN – 0.35PT 各带间跃迁的温度依赖关系

相比于其他的光学参数,高能带间跃迁能力能够更有说服力地分辨相变。众所周知,低能电子跃迁以及声子振动常常被用来探测材料中的结构演变。然而,这一类变化往往非常微弱并且不稳定。这是因为材料中的各种粒子往往都处于一种

动态平衡之中,这导致这一类实验往往具有很低的重复性。除此之外,这些结果都是通过间接的测试手段得到的。从图 3.29 中可以很明显地看到高能带间跃迁与晶格结构之间的变化。相变可以毫无疑问地通过这些带间跃迁能量的出现或者消失分辨出来。

3.2.5　钨掺杂对 NBNO 的光学常数研究

1. 钨掺杂对 NBNO 陶瓷红外声子的影响

红外光谱与拉曼光谱在研究晶格振动方面可以相互补充,结合使用可得到较完整的声子谱。此外,从红外光谱中还可以得到声子强度和介电函数等信息。测试红外光谱所使用仪器是型号为 Vertex 80 V 的真空型傅里叶红外光谱仪,先测量参考样品(本实验以金镜为参考)获得背景辐射,在同样实验条件下再测量被测样品光谱,然后将被测样品光谱除以金镜光谱最终获得陶瓷的光学响应。变温实验是将样品放在型号为 SHI-4-1 的低温光学仪器中,温度为 6~300 K,每隔 25 K 测试一条谱。图 3.30 为 NBNW 陶瓷的室温红外光谱及拟合结果。图 3.30(a)为 6 个不同 W 组分 NBNW 陶瓷的常温红外反射实验谱,可以看出 NBNW6、NBNW8 和 NBNW10 的反射率在一定区域内比 NBNO、NBNW3 和 NBNW4 高。图 3.30(b)是在 540~570 cm^{-1} 细节的红外光谱,清楚看出当 W 组分大于 0.04 时,在一些范围内红外反射率比较高。为了详细分析 W 组分对红外光谱的影响,用 12 个 Lorentz 模型来拟合分析红外光谱。NBNO 的拟合图谱如图 3.30(c)所示,圆圈代表实验谱,实线表示拟合谱。从图 3.30(c)中可以看出拟合谱与实验谱保持了高度一致性。

通过拟合也可以提取出在实验波数范围内的介电函数,图 3.30(d)是 NBNW 陶瓷介电函数的实部和虚部图谱,12 个 Lorentz 模的位置也显示在图中。从图 3.30(d)中可以看出,NBNO、NBNW3 和 NBNW4 的介电函数图谱在大部分位置都比 NBNW6、NBNW8 和 NBNW10 的高,这是因为 NBNW 陶瓷中 W—O 键的张应力引起了更高的介电常数[16]。由于晶胞中原子个数比较多以及晶格结构的复杂性,NBNO 材料的声子指认并不是特别清楚。通过参考类似结构材料如 $ABi_2Nb_2O_9$($A = Ca$、Sr、Ba)和 $SrBi_2Ta_2O_9$ 的理论计算结果,一些声子模式的分配介绍如下[17,18]:175 cm^{-1} 附近的声子是由于 A 和 B 位原子与八面体的赤道 O 原子的相互作用,位于 280 cm^{-1} 附近的声子是由于 Bi—O(位于八面体顶点的 O 原子)键的拉伸,而位于$(Bi_2O_2)^{2+}$层的 Bi—O 键的拉伸引起 540 cm^{-1}附近的声子模,600 cm^{-1}附近的声子模属于氧八面体的弯曲模式,主要受八面体的赤道 O 原子运动影响。图 3.30(e)~(h)表示四个红外活性声子位置随 W 组分增加的变化。这四个振动模式随着 W 组分的增加都出现了蓝移现象,这表明 W^{6+}的引入影响了 B 位阳离子和$(Bi_2O_2)^{2+}$层中阳离子振动。为了维持电中性,W^{6+}部分代替 Nb^{5+}可能会带来一些阳离子空位,这些阳离子空位会影响$(Bi_2O_2)^{2+}$层的结构[19]。此外,NBNW4 和 NBNW6 陶瓷的声子模式频率明显变化表明了其结构较大的变化,这些分析结果也与 XRD 和常温拉曼光谱结果一致。

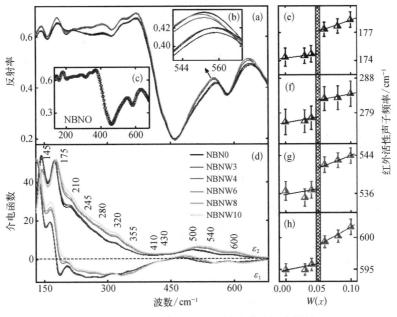

图 3.30 NBNW 陶瓷室温红外光谱及拟合结果

2. 温度对 NBNW 红外声子的影响

前面已经介绍了 77~800 K 拉曼声子的变化,这里主要研究在低温下红外声子随温度的变化。图 3.31(a)~(d)分别是 NBNO、NBNW4、NBNW6 和 NBNW8 的低温红外光谱图,温度为 6~300 K。从图中可以看出,NBNW 的红外反射率随温度升高有降低的趋势,这是因为高温下振动比低温更加无序。从图 3.31(e)和(f)可以明显看出一部分峰随着温度的升高有消失的趋势,这表明与此峰相关的红外活性振动随着温度越来越无序化。为了更深入分析低温下红外声子的变化,对变温红外光谱进行拟合,拟合模型与常温类似,拟合结果如图 3.32 所示。

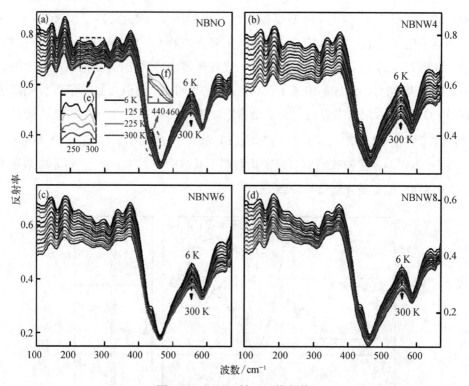

图 3.31　NBNW 低温红外光谱

图 3.32 以 NBNO 为例展示低温红外光谱的拟合结果。图 3.32(a)表示经过拟合提取出来的 NBNO 的介电函数实部和虚部的图谱,为了方便分析,该图的横坐标以 log 为底。从图中可以看出,在波数小于 220 cm^{-1} 的范围内介电函数的虚部随温度升高有明显的降低,如上所述,B 位阳离子和氧离子,即 Nb—O 键的压应力导致介电函数虚部随温度升高而降低[16]。图 3.32(b)~(e)是提取出来的四个红外活性声子的频率随着温度变化的情况。图 3.32(b)中声子频率随温度有蓝移现象,图 3.32(c)中声子频率随温度有红移现象,图 3.32(d)和(e)中声子随温度变化不大,变化范围为 1~2 cm^{-1}。在常温红外光谱分析中提到过,175 cm^{-1} 附近的声子是 A 和 B 位原子与八面体的赤道 O 原子间的振动引起的,该位置声子频率随温度升高的蓝移现象说明该处振动随温度加剧。位于 280 cm^{-1} 附近的声子是因为 Bi—O (位于八面体顶点的 O 原子)键的拉伸,从图中可以看到该声子频率出现蓝移现象,表明 Bi—O 键的拉伸减弱,也可认为是$(Bi_2O_2)^{2+}$ 层和类钙钛矿层位错的减弱。在铋层和类钙钛矿层交替叠加的结构中很容易发现层错现象,虽然层错出现的原因还不能很好地解释,但发现类钙钛矿层数的增加和温度的降低都会引起更明显

的层错[20,21]。图 3.32(d)和(e)中声子随温度不明显的变化现象,说明$(Bi_2O_2)^{2+}$ 层的 Bi—O 键的拉伸和氧八面体的弯曲运动在此温度范围内对温度不敏感。从以上分析中可以判断 NBNW 材料在低温 6~300 K 没有明显相变。其他样品拟合结果与此类似,这里不再进行重复的讨论。

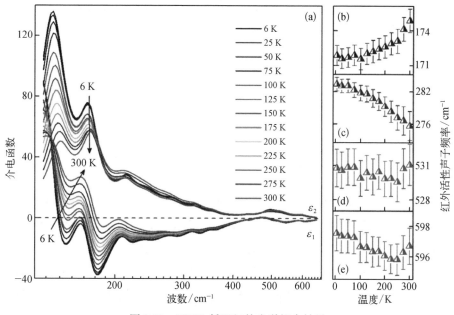

图 3.32　NBNO 低温红外光谱拟合结果

3. 钨掺杂对 NBNO 的椭圆偏振光谱研究

实验所使用的椭圆偏振光谱仪是 J. A. Woollam 公司的光谱仪,用 Instec 热台可进行变温测试,可从-70 ℃到 600 ℃,测试后利用 J. A. Woollam 公司的椭圆偏振拟合软件进行建模分析,可得到介电函数、电子跃迁等信息。椭圆偏振光谱法是一种精确且无损的光学技术,它可以测量入射到样品表面的反射偏振光和入射偏振光的幅度与相位的相对变化。通过实验得到与 $\Psi(h\nu)$ 和 $\Delta(h\nu)$ 相关的复反射比 $\tilde{\rho}(h\nu)$,也是关于入射角、光子功率 $h\nu$ 和介电函数 $\tilde{\varepsilon}(h\nu)$ 的函数。为了得到 NBNW 陶瓷的介电函数和其他物理参数,利用三层模型(空气/表面粗糙层/陶瓷)来分析椭圆偏振光谱。表面粗糙层由 EMA 模型建立,这种粗糙层模型是由 50%的空气和 50%样品材料组成[22]。陶瓷模型由遵从 Kramers - Kroning 关系的 Tauc - Lorentz 和 Gaussian 振子模型组成[23]。单个的 Tauc - Lorentz 振子可以分析光学带隙 E_g。为了更好地拟合分析,添加一个 Gaussian 振子。Gaussian 振子能量位置位

于上述 E_g 能量之上,它代表一个带间跃迁[24]。此外,在介电谱中观察到的带结构归因于带间跃迁。用 SCP 模型来研究带间跃迁的温度演变。该 SCP 模型为 $\tilde{\varepsilon}(h\nu) = C - Ae^{i\theta}(h\nu - h\nu_k + i\varGamma)^{n}$ [23]。其中,A 为描述临界点的幅度,θ 为激子的相位角,$h\nu_k$ 为电子跃迁能量,$\varGamma$ 为展宽。此外,指数 n 为 -0.5、0 或 0.5,分别表示一维、二维和三维临界点。用介电函数的二阶偏导 $\partial^2 \tilde{\varepsilon} / \partial(h\nu)^2$ 来分析电子跃迁。二阶导数的表达式可以写成

$$\frac{\partial^2 \tilde{\varepsilon}}{\partial(h\nu)^2} = Be^{i\theta}(h\nu - h\nu_k + i\varGamma)^{n-2}, \quad n \neq 0 \tag{3.6}$$

$$\frac{\partial^2 \tilde{\varepsilon}}{\partial(h\nu)^2} = Ae^{i\theta}(h\nu - h\nu_k + i\varGamma)^{-2}, \quad n = 0 \tag{3.7}$$

二阶偏导 $\partial^2 \tilde{\varepsilon} / \partial(h\nu)^2$ 的值直接由测试数据计算,这样不用考虑表面粗糙层对数据分析的影响,因为粗糙层只会影响电子跃迁的强度而不是中心能量。因此,在拟合变温椭圆偏振光谱时使用二阶偏导模型,使用 MATLAB 软件编写程序进行分析。

4. 钨掺杂对 NBNO 陶瓷电子跃迁的影响

图 3.33(a)和(b)以 NBNW4 和 NBNW6 陶瓷为例给出了室温下的椭圆偏振实验和拟合谱,其中圆圈代表实验谱,实线代表拟合谱。从图中可以看出在整个测量的能量范围中,实验谱和拟合谱之间具有良好的一致性。通过拟合得到 NBNW 的粗糙层厚度为 3 nm±1 nm,这和 AFM 得到的粗糙层厚度一致。拟合分析中除去粗糙层对介电函数的影响可得到 NBNW 陶瓷材料的介电函数,提取出来的 NBNW 陶瓷材料的介电函数示于图 3.33(c)。从图 3.33(c)中可以看出,在横坐标低于大约 3.5 eV 时,所有 NBNW 陶瓷的虚部 ε_2 都接近于零,这表明 NBNW 陶瓷的禁带大概在 3.5 eV,并且在低能量区域中没有附加的电子跃迁。随着能量的进一步增加,ε_2 突然增加,表示从价带到导带的带间电子跃迁。介电函数的实部 ε_1 随着能量增加至大概 4.3 eV,然后减少,最大值附近为范霍夫奇点。从图 3.33(c)的插图中可以看出 ε_2 的吸收边缘随 W 组分增加发生蓝移现象。从 Tauc-Lorentz 振子中可以提取出参数 E_g,图 3.33(d)表明该模型参数 E_g 与 W 组分的函数关系。可以发现,NBNW 陶瓷的 E_g 值大约为 3.5 eV,这与类似结构的 Aurivillius 层状材料如 $BaBi_2Nb_2O_9$ 和 $CaBi_2Nb_2O_9$ 的 E_g 接近。图 3.33(d)显示随着 W 组分增加,参数 E_g 从 3.46 eV 线性增大至 3.56 eV,然后保持在 3.56 eV 附近。E_g 随 W 组分的变化与 W

掺杂 $CaBi_2Nb_2O_9$ 陶瓷类似,这表明掺杂的 W 引起了结构的变化。从电子跃迁角度分析,BLSF 的价带一般由 Bi-6s 和 O-2p 轨道杂化而形成,因此掺杂的 W 元素影响了 Bi-6s 和 O-2p 的轨道杂化,进而引起禁带宽度 E_g 的变化。在第一性原理计算部分将对 W 元素对 NBNO 陶瓷中原子轨道杂化的影响进行进一步分析。

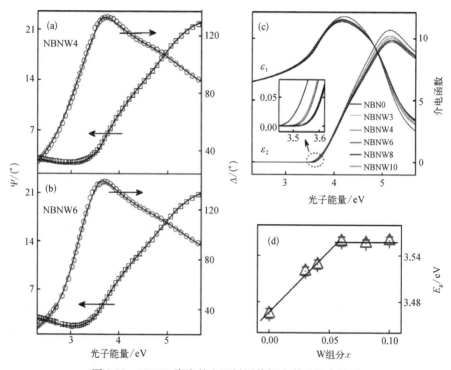

图 3.33　NBNW 陶瓷的室温椭圆偏振光谱及拟合结果

5. 温度对 NBNW 电子跃迁的影响

为了验证 NBNW 陶瓷中间相的存在,进行变温椭圆偏振实验。图 3.34(a)～(c)分别以 NBNO、NBNW4 和 NBNW8 为例呈现几个温度点介电函数实部 ε_1 和虚部 ε_2 图谱,实验的能量为 2.3～5.7 eV。图 3.34(a)～(c)显示所有 NBNW 陶瓷的 ε_2 在 $E<E_g$ 内接近于零。在区域 $E>E_g$ 中,ε_2 谱由两个在 3.8 eV 和 5.0 eV 附近的激子吸收临界点主导,两个临界点的位置如图 3.34(a)～(c)的箭头所示(简称 E_{cp1} 和 E_{cp2})。虽然这两个临界点在图中不明显,但是通过对光谱二阶偏导数的计算,就可以被清楚地观察到。图 3.34(d)展示了在一些温度下 NBNO 介电函数虚部的二阶偏导图谱。二阶偏导谱中两个明显的谷对应于两个电子跃迁。此外,可以观察到二阶偏导谱随着温度升高有着红移的趋势,这主要是由晶格热膨胀和能带结构轨道杂化引起的[23]。通过使用 SCP 模型对复介电函数的二阶导函数进行拟合,得到临界点的具体能量位置。图 3.34(e)中示出了 NBNO 在 200 K、400 K 和 700 K 时的复介电函数的二阶导谱及根据 SCP 模型最佳拟合谱。

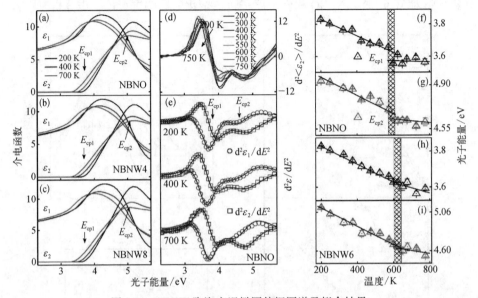

图 3.34　NBNW 陶瓷变温椭圆偏振图谱及拟合结果

表 3.7 为 6 个样品在某些温度下的拟合参数,从拟合参数中提取出来电子跃迁随温度演变情况。以 NBNO 和 NBNW 的拟合结果为例分析参数 E_{cp1} 和 E_{cp2} 随着温度的变化情况,从图 3.34(f)~(i)中可以看出 E_{cp1} 和 E_{cp2} 随着温度有着明显的红移趋势,当温度从 200 K 升至 600 K 附近时,NBNO 的 E_{cp1} 从 3.83 eV 逐渐减小到 3.60 eV,E_{cp2} 从 4.93 eV 减小到 4.65 eV。在随后温度变化中,两个临界点的值基本保持平稳状态。而 NBNW6 的 E_{cp1} 和 E_{cp2} 在 610 K 前后随温度的变化现象有着明显的差异。对于 BLSF 这类材料,E_{cp1} 主要是被 A 位阳离子的 p 轨道和 O 阴离子的 p 轨道影响,而 E_{cp2} 与 B 位阳离子的 d 轨道相关[25]。因为顺电相是完全对称的立方结构,所以随温度的升高,在铁电相变到顺电相结构变化中,偏离中心的 B 位阳离子慢慢移动到 BO_6 八面体的中心位置。B 位阳离子的移动影响 BO_6 八面体中原子的轨道杂化,进而表现为 E_{cp1} 和 E_{cp2} 随温度的变化情况。此外,带间电子跃迁能量 E_{cp1} 和 E_{cp2} 随温度的异常变化表明结构的变化,也可以认为是中间相变的出现[25]。结合电子跃迁与拉曼散射的热演变结果,可以推断 NBNW 陶瓷的中间相变在约 600 K,从目前调研结果来看,这是第一次提出 NBNW 陶瓷中间相位置。

表 3.7 NBNW 陶瓷在 200 K、425 K 和 725 K 的椭圆偏振光谱 SCP 拟合参数

参数	NBNO 200 K	NBNO 425 K	NBNO 725 K	NBNW3 200 K	NBNW3 425 K	NBNW3 725 K	NBNW4 200 K	NBNW4 425 K	NBNW4 725 K	NBNW6 200 K	NBNW6 425 K	NBNW6 725 K	NBNW8 200 K	NBNW8 425 K	NBNW8 725 K	NBNW10 200 K	NBNW10 425 K	NBNW10 725 K
A_1	1.14 (0.03)	1.13 (0.05)	1.21 (0.04)	1.36 (0.01)	1.32 (0.03)	1.32 (0.03)	1.13 (0.03)	0.91 (0.01)	0.76 (0.08)	1.89 (0.01)	1.01 (0.01)	1.21 (0.05)	1.05 (0.00)	1.40 (0.12)	0.89 (0.04)	1.33 (0.01)	1.20 (0.10)	0.90 (0.05)
$\varphi_1/(°)$	14.2 (0.04)	13.7 (0.05)	13.5 (0.06)	14.5 (0.01)	14.2 (0.01)	13.9 (0.03)	14.0 (0.02)	13.8 (0.03)	12.9 (0.19)	14.7 (0.01)	14.4 (0.06)	13.4 (0.05)	14.4 (0.01)	13.8 (0.03)	13.4 (0.03)	14.4 (0.02)	14.0 (0.06)	13.6 (0.10)
E_{cp1}/eV	3.83 (0.01)	3.70 (0.01)	3.59 (0.01)	3.85 (0.00)	3.75 (0.01)	3.64 (0.01)	3.78 (0.00)	3.68 (0.01)	3.43 (0.03)	3.83 (0.00)	3.72 (0.02)	3.55 (0.01)	3.83 (0.00)	3.69 (0.00)	3.54 (0.01)	3.81 (0.00)	3.69 (0.00)	3.55 (0.01)
Γ_1/eV	0.53 (0.00)	0.54 (0.01)	0.60 (0.01)	0.57 (0.00)	0.56 (0.01)	0.62 (0.01)	0.57 (0.00)	0.52 (0.00)	0.51 (0.01)	0.58 (0.00)	0.54 (0.01)	0.64 (0.01)	0.54 (0.00)	0.60 (0.02)	0.55 (0.01)	0.61 (0.03)	0.58 (0.01)	0.56 (0.01)
A_2	5.11 (0.19)	6.92 (0.42)	9.02 (0.15)	3.45 (0.21)	4.21 (0.03)	5.31 (0.25)	11.85 (0.30)	7.05 (0.19)	10.2 (0.07)	3.88 (0.05)	5.10 (0.09)	8.30 (0.10)	5.89 (0.04)	5.41 (0.18)	9.76 (0.07)	6.27 (0.10)	6.16 (0.42)	7.78 (0.16)
$\varphi_2/(°)$	22.3 (0.03)	22.0 (0.08)	21.5 (0.04)	23.8 (0.02)	22.4 (0.04)	21.7 (0.14)	22.1 (0.05)	21.6 (0.09)	21.6 (0.03)	23.1 (0.02)	22.3 (0.05)	21.7 (0.04)	22.5 (0.03)	22.1 (0.05)	21.4 (0.01)	23.1 (0.09)	22.4 (0.04)	21.6 (0.08)
E_{cp2}/eV	4.93 (0.01)	4.78 (0.01)	4.57 (0.01)	5.34 (0.00)	4.90 (0.01)	4.59 (0.05)	4.83 (0.05)	4.60 (0.01)	4.47 (0.01)	5.12 (0.01)	4.81 (0.02)	4.63 (0.02)	4.95 (0.02)	4.83 (0.01)	4.52 (0.00)	5.14 (0.03)	4.87 (0.02)	4.53 (0.02)
Γ_2/eV	1.13 (0.01)	1.26 (0.03)	1.38 (0.07)	0.92 (0.02)	1.03 (0.01)	1.18 (0.02)	1.65 (0.02)	1.33 (0.01)	1.45 (0.01)	1.11 (0.01)	1.23 (0.01)	1.34 (0.01)	1.22 (0.01)	1.15 (0.02)	1.39 (0.01)	1.35 (0.02)	1.31 (0.04)	1.30 (0.02)

注：括号内为误差值。

主要参考文献

[1] Adachi S. Model dielectric constants of GaP, GaAs, GaSb, InP, InAs, and InSb [J]. Phys. Rev. B, 1987, 35: 7454 - 7463.

[2] Adachi S. Effects of the indirect transitions on optical dispersion relations[J]. Phys. Rev. B, 1990, 41: 3504 - 3508.

[3] Jellison G E, Modine F A. Parameterization of the optical functions of amorphous materials in the interband region[J]. Appl. Phys. Lett., 1996, 69: 371 - 373.

[4] Li W W, Hu Z G, Li Y W, et al. Growth, microstructure, and infrared-ultraviolet optical conductivity of $La_{0.5}Sr_{0.5}CoO_3$ nanocrystalline films on silicon substrates by pulsed laser deposition[J]. ACS Appl. Mater. Interfaces, 2010, (2): 896 - 902.

[5] Berini B, Keller N, Dumont Y, et al. Reversible phase transformation of $LaNiO_{3-x}$ thin films studied in situ by spectroscopic ellipsometry[J]. Phys. Rev. B, 2007, 76: 205417.

[6] Hu Z G, Huang Z M, Wu Y N, et al. Ellipsometric characterization of $LaNiO_{3-x}$ films grown on Si(111) substrates: Effects of oxygen partial pressure [J]. J. Appl. Phys., 2004, 95: 4036 - 4041.

[7] Hu Z G, Li W W, Li Y W, et al. Electronic properties of nanocrystalline $LaNiO_3$ and $La_{0.5}Sr_{0.5}CoO_3$ conductive films grown on silicon substrates determined by infrared to ultraviolet reflectance spectra[J]. Appl. Phys. Lett., 2009, 94: 221104.

[8] Heaven O S. Optical Properties of Thin Solid Films [M]. New York: Dover Publications, 1991.

[9] Ding X J, Xu L P, Hu Z G, et al. Phase diagram and incommensurate antiferroelectric structure in$(Pb_{1-1.5x}La_x)(Zr_{0.42}Sn_{0.40}Ti_{0.18})O_3$ ceramics discovered by band-to-band optical transitions [J]. Appl. Phys. Lett., 2014, 105: 131909.

[10] Chen X, Jiang P P, Duan Z H, et al. Effects from A-site substitution on morphotropic phase boundary and phonon modes of $(Pb_{1-1.5x}La_x)(Zr_{0.42}Sn_{0.40}Ti_{0.18})O_3$ ceramics by temperature dependent Raman spectroscopy[J]. Appl. Phys. Lett., 2013, 103: 192910.

[11] Zhu J J, Li W W, Xu G S, et al. Abnormal temperature dependence of interband electronic transitions in relaxor-based ferroelectric $(1-x)Pb(Mg_{1/3}Nb_{2/3})O_3 - xPbTiO_3$ ($x = 0.24$ and 0.31) single crystals[J]. Appl. Phys. Lett., 2011, 98(9): 091913.

[12] Zhu J J, Li W W, Xu G S, et al. A phenomenological model of electronic band structure in ferroelectric $Pb(In_{1/2}Nb_{1/2})O_3 - Pb(Mg_{1/3}Nb_{2/3})O_3 - PbTiO_3$ single crystals around the morphotropic phase boundary determined by temperature-dependent transmittance spectra [J]. Acta Materialia, 2011, 59(17): 6684 - 6690.

[13] Zhu J J, Zhang J Z, Xu G S, et al. Electronic transitions and dielectric functions of relaxor ferroelectric $Pb(In_{1/2}Nb_{1/2})O_3 - Pb(Mg_{1/3}Nb_{2/3})O_3 - PbTiO_3$ single crystals: Temperature dependent spectroscopic study[J]. Appl. Phys. Lett., 2014, 104: 132903.

[14] Zhang X L, Hu Z G, Xu G S, et al. Optical bandgap and phase transition in relaxor ferroelectric $Pb(Mg_{1/3}Nb_{2/3})O_3 - xPbTiO_3$ single crystals: An inherent relationship [J]. Appl. Phys. Lett., 2013, 103: 051902.

[15] Zhang J Z, Jiang K, Hu Z G, et al. A novel technique for probing phase transition in ferroelectric functional materials: Condensed matter spectroscopy[J]. Sci China Tech Sci., 2016, 59: 1537 – 1548.

[16] Frit B, Mercurio J P. The crystal chemistry and dielectric properties of the Aurivillius family of complex bismuth oxides with perovskite-like layered structures[J]. J. Alloys Compd., 1992, 188: 27 – 35.

[17] Subbarao E C. A family of ferroelectric bismuth compounds[J]. J. Phys. Chem. Solids, 1962, 23(6): 665 – 676.

[18] de Araujo C A, Cuchiaro J D, McMillan L D, et al. Fatigue-free ferroelectric capacitors with platinum electrodes[J]. Nature, 1995, 374: 627 – 629.

[19] Zhou Z Y, Li Y C, Hui S P, et al. Effect of tungsten doping in bismuth-layered $Na_{0.5}Bi_{2.5}Nb_2O_9$ high temperature piezoceramics [J]. Appl. Phys. Lett., 2014, 104 (1): 012904.

[20] Moret M P, Zallen R, Newnham R E, et al. Infrared activity in the Aurivillius layered ferroelectric $SrB_2Ta_2O_9$[J]. Phys. Rev. B, 1998, 57(10): 5715 – 5723.

[21] Zhang Q, Zheng X, Sun H, et al. Dual-mode luminescence modulation upon visible-light-driven photochromism with high contrast for inorganic luminescence ferroelectrics[J]. ACS Appl. Mater. Inter., 2016, 8(7): 4789 – 4794.

[22] Liu G Z, Wang C, Gu H S, et al. Raman scattering study of La-doped $SrBi_2Nb_2O_9$ ceramics [J]. J. Phys. D: Appl. Phys., 2007, 40(24): 7817 – 7820.

[23] Buixaderas E, Berta M, Kozielski L, et al. Raman spectroscopy of $Pb(Zr_{1-x}Ti_x)O_3$ graded ceramics around the morphotropic phase boundary[J]. Phase Trans., 2011, 84(5/6): 528 – 541.

[24] 林汉.实用傅里叶变换红外光谱学[M].北京:中国环境科学出版社,1991.

[25] Kensuke H, Masanobu W. Abstracts of the first Japanese meeting on ferroelectric materials and their applications[J]. Ferroelectrics, 1978, 19(1): 165 – 173.

第 **4** 章

相变点处材料结构及性质变化

4.1 光学表征手段

不同形式的辐射光作用在材料上,材料内会发生量子化的能级跃迁从而产生发射、散射或吸收。光学分析法就是通过对散射或反射光波长和强度进行分析从而得到微观信息的方法。光是一种电磁波,在空间中不需要介质即可传播。光又具有波粒二象性,其能量辐射是非连续的,是量子化的。可以利用光在固体中的吸收、散射和反射等行为来得到物质中电子和原子的状态以及运动信息。固体光谱是研究材料的能带结构、晶格振动以及固体中各种激发过程的有力工具。例如,在不同波段(如紫外、可见光、红外)的光吸收对应于材料中的电子由价带到导带之间的能级跃迁,从红外光谱、拉曼光谱或发光光谱等谱线特定的位置可以分析材料成分和结构等信息[1]。

下面主要举例介绍钙钛矿陶瓷及单晶的结构相的演化规律。

4.2 XRD 峰及其在相变点处的变化规律

1. 不同 BNNO 组分对 KN − xBNNO 陶瓷结构的影响

图 4.1(a)是 KN − xBNNO(x=0、0.1、0.2、0.3、0.4、0.5)陶瓷粉末的 XRD 图。从图中可以看出,所有粉末的 XRD 谱与 JADE5.0 PDF#32 − 0822 完全相对应,证明上述样品陶瓷属于纯钙钛矿结构,并无二次相的生成。插图代表了不同掺杂 BNNO 组分样品颜色的变化,暗含样品不同组分光吸收的变化。从图 4.1(b)中还可以看出陶瓷样

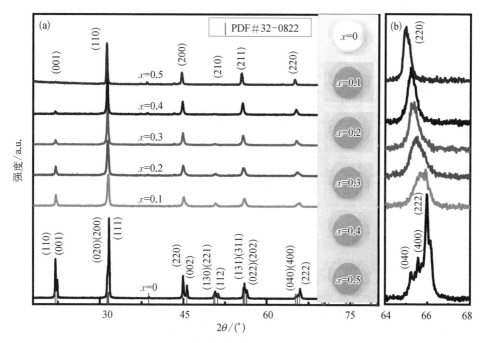

图 4.1　KN − xBNNO 陶瓷靶材的 XRD 谱

品随掺杂组分的增大向低衍射角方向移动,体现了晶胞体积随掺杂组分增大而增大。

2. 不同温度对 KN − xBNNO 陶瓷结构的影响

图 4.2(a)和(c)分别是 KNO 和 KN − 0.2BNNO 陶瓷粉末的变温 XRD 全谱,图 4.2(b)和(d)分别是两者的小角度放大谱,温度为 93~573 K。从图 4.2(a)可观察到低温条件下样品有许多小峰,而随温度的升高小峰消失。从图 4.2(b)可以看到纯 KNO 样品有峰的劈裂现象,并且随温度的变化这种劈裂变化明显,例如,在三方相→正交相的转变中,22.2°衍射角处的单峰劈裂为约 22°和 22.4°两种衍射峰,接着在正交相→四方相的转变中,劈裂的峰都有向低衍射角移动的现象。与上述 KNO 不同的是,KN − 0.2BNNO 陶瓷粉末的变温 XRD 谱在三方相→正交相→四方相的过渡中衍射峰先向高衍射角移动再向低衍射角移动,最后又向高衍射角移动,这种循环变动体现了材料受外场温度影响的结构相变,即三方相→正交相→四方相[3,4]。

图 4.3 是 KN − 0.5BNNO 陶瓷样品的变温 XRD 谱,对比图 4.2 可知,控制掺杂 BNNO 组分可定性地测定 KN − xBNNO 陶瓷的相变温度。观察可知随 BNNO 组分的增多,相变温度是逐渐降低的,当 x = 0.5 时,仅看到正交相→四方相的变化,并且相变温度由 x = 0.2 的 393 K 减小到 303 K。

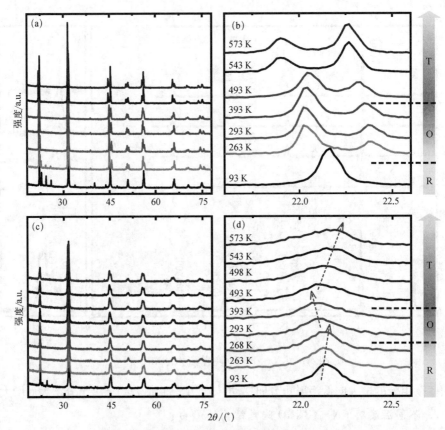

图 4.2　KN 和 KN - 0.2BNNO 陶瓷靶材的变温 XRD 谱

T 指四方相;O 指正交相;R 指三方相

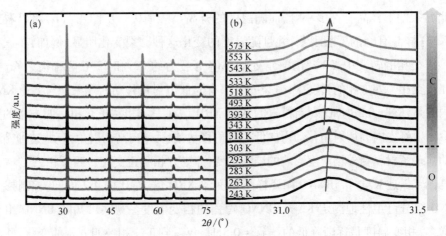

图 4.3　KN - 0.5BNNO 陶瓷靶材的变温 XRD 谱

C 指立方相

4.3　拉曼声子模式及其在相变点处的变化规律

4.3.1　KN‐*x*BNNO 陶瓷的变温拉曼光谱研究

1. KN‐*x*BNNO 陶瓷拉曼光谱实验配置

本书中拉曼光谱测试所采用的是激光共聚焦显微拉曼光谱仪,型号为 LabRAM HR800UV,光源为 He‐Ne 激光,所用的波长为 632.8 nm。激光经过样品散射后用 50 倍的显微镜头收集。变温拉曼实验是把 NBNW 陶瓷放置于低温恒温器中,温度由液氦和热台协同控制,本实验温度为 77~800 K,温度间隔为 25 K,温度精度为±0.5 K。红外光谱与拉曼光谱在研究晶格振动方面可以相互补充,结合使用可得到较完整的声子谱。此外,从红外光谱中还可以得到声子强度和介电函数等信息。测试红外光谱所使用仪器是型号为 Vertex 80 V 的真空型傅里叶红外光谱仪,先测量参考样品(本实验以金镜为参考)获得背景辐射,在同样实验条件下再测量被测样品光谱,然后将被测样品光谱除以金镜光谱最终获得陶瓷的光学响应。变温实验是将样品放在型号为 SHI‐4‐1 的低温光学仪器中,温度是 6~300 K,每隔 25 K 测试一条谱。

2. KN‐*x*BNNO 陶瓷变温拉曼光谱及 MATLAB 辅助拟合

空间群理论分析证实 KNO 包含 3 个声学声子和 12 个光学声子。依据对称性来分,在三方相(rhombohedral,简写为 R),属于空间群 $R3m$,C_{3v}^5,包含 $3A_1+4E$ 一序拉曼活性光学模式和 A_2 红外活性声子;在正交相(orthorhombic,简写为 O),属于空间群 $Amm2$,C_{2v}^{14},包含 $4A_1+4B_1+3B_2+A_2$ 声子模式;在四方相(tetragonal,简写为 T),属于空间群 $P4mm$,C_{4v}^1,包含 $3A_1+4E+B_1$ 模式;最后立方相(cubic,简写为 C),属于空间群 $Pm\bar{3}m$,O_h^1,$3F_{1u}+F_{2u}$ 一序拉曼散射。表 4.1 列举了 KNO 和 KN‐0.2BNNO 陶瓷样品实验可得的四个相的主要中心区声子模式,并详细指出了每个拉曼声子模式的具体精准波数位置,可精确到小数点后 2 位。其中不同相声子之间的关联性、劈裂和简并性可参考表 4.2。

为清楚识别和准确指认拉曼声子模式,以 KNO 和 KN‐0.2BNNO 样品为例,分析低温到高温拉曼声子模式的变化。其中包含拉曼声子模式数量、频率移动峰强等[5-7]。观察图 4.4 可知,由于声子中心位置是和温度依赖的,低温条件下振动模

表 4.1 KNO 和 KN－0.2BNNO 陶瓷三方相、正交相、四方相及立方相的中心区声子模式

相	声子模式									
R(KNO)	110.15[N1]	^{1}Mixed 190.01	$E(TO_1)$ 222.43	$A_1(TO_1)$ 266.27	^{2}Mixed 290.01	$E(TO_3)$ 529.32		$A_1(TO_3)$ 596.59		^{3}Mixed 834.84
R(KNO) 77 K	(2.59)	(0.05)	(0.09)	(0.10)	(0.03)	(0.27)		(0.22)		(0.91)
R(KN－0.2BNNO)	159.24[N2]	190.40	224.37	270.24	290.54	530.51		598.74	801.22[N3]	833.36
77 K	(2.31)	(0.08)	(0.15)	(0.07)	(0.08)	(0.21)		(0.14)	(5.23)	(2.01)
O(KNO)		$(B_1,B_2)(TO_2)$ 191.86	$B_1(TO_1)$ 222.29	$A_1(TO_1)$ 279.57	$A_1(TO_4,LO_4)$ 295.93	$B_2(TO_3)$ 532.15	$B_1(TO_3)$ 571.00	$A_1(TO_3)$ 601.19		^{4}Mixed 833.13
O(KNO) 263 K		(0.06)	(2.04)	(0.14)	(0.08)	(0.32)	(1.47)	(0.36)		(0.41)
O(KN－0.2BNNO)	110.01[N1]	192.91	220.33	268.35	290.36	528.75		594.35	801.50[N3]	832.37
293 K	(0.78)	(0.06)	(1.19)	(0.93)	(0.17)	(0.18)		(0.15)	(2.14)	(1.43)
T(KNO)	(0.59)	$(E+A_1)(TO_2)$ 193.67	$E(TO_1)$ 256.80	$A_1(TO_1)$ 280.11	$E(TO_4,LO_4)$ 294.42	$E(TO_3)$ 531.58	$A_1(TO_3)$	$A_1(TO_3)$ 587.30		^{3}Mixed 830.67
T(KNO) 493 K		(0.10)	(2.69)	(0.58)	(0.49)	(0.53)		(0.36)		(0.57)
T(KN－0.2BNNO)	110.15[N1] 159.24[N2]	194.48	226.51	252.55	283.31	525.33		587.60	799.43[N3]	831.17
468 K	(0.84) (0.58)	(0.03)	(3.80)	(1.87)	(1.05)	(0.49)		(0.43)	(2.15)	(1.32)
C(KNO)	$F_{1u}(TO_1)$	$F_{2u}(TO_4)$ 261.80	$F_{1u}(TO_3)$ 572.64							
C(KNO)	$F_{1u}(TO_1)$ 147.61	$F_{1u}(TO_2)$	$F_{1u}(LO_3)$							

续　表

相	声子模式			
773 K	(1.52)	(0.73)	(0.37)	
C(KN-0.2BNNO)	147.49	266.40	565.66	809.49
773 K	(1.56)	(0.99)	(0.59)	(0.71)

注：[1]Mixed、[2]Mixed、[3]Mixed 和[4]Mixed 分别代表(E+A$_1$)(TO$_2$,LO$_2$)、(E+B$_1$)(TO$_4$,LO$_4$)、E+A$_1$(LO$_3$)及 B$_1$+B$_2$+A$_1$(LO$_3$)。N$_1$、N$_2$和 N$_3$代表了由掺杂导致的三个新的声子模式 New1、New2和 New3。

表 4.2　KN-xBNNO 材料各种相结构的中心区声子模式的关联性、劈裂和简并特征陶瓷三方相、正交相、四方相及立方相的中心区声子模式

三方相 $R3m(C_{3v}^5)$	正交相 $Amm2(C_{2v}^{14})$	四方相 $P4mm(C_{4v}^1)$	立方相 $Pm\bar{3}m(O_h^1)$
$3A_1+3E$	$3A_1+B_1+3B_2$	$3A_1+E$	$3F_{1u}$
$E+A_2$	$A_1+B_1+A_2$	B_1+E	F_{2u}
$(R\rightarrow O)_{splitting}$	$(O\rightarrow T)_{formation}$	$(T\rightarrow C)_{transition}$	
$E(TO_1)\rightarrow B_1(TO_1)+B_2(TO_1)$	$B_1(TO_1)+B_2(TO_2)=E(TO_1)$	$A_1(TO_1)+E(TO_1)=F_{1u}(TO_1)$	
$E(TO_2,LO_1)\rightarrow B_1(TO_2,LO_2)+B_2(TO_2,LO_2)$	$B_1(TO_4,LO_4)+B_2(TO_4,LO_4)=E(TO_4,LO_4)$	$A_1(TO_2)+E(TO_2)=F_{1u}(TO_2)$	
$E(TO_3)\rightarrow B_1(TO_3)+B_2(TO_3)$	$B_1(TO_3)+B_2(TO_3)=E(TO_3)$	$A_1(TO_3)+E(TO_3)=F_{1u}(TO_3)$	
Heating	$T_{R-O}(K)$	$T_{O-T}(K)$	$T_{T-C}(K)$
KNO	263	493	743
KN-0.2BNNO	293	468	693

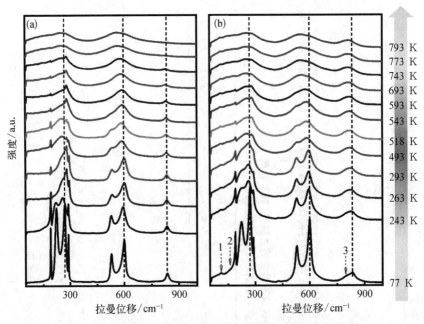

图 4.4　KNO(a)和 KN-0.2BNNO(b)陶瓷的变温拉曼光谱

式的识别是非常简单明了的。此外,因为 KNO 和 KN-0.2BNNO 样品是多晶,测量所得信号是许多倾斜角的平均。它与声子波向量没有严格的联系,既不平行也不垂直于特定的晶体轴,这样就可以适当地分配纵向和横向声子模式[8]。在低波数和中波数区,KNO 样品的拉曼谱主要表征为:① 约 190 cm^{-1} 处,源于$(E+A_1)$$(TO_2, LO_2)$的一个 Fano 型的干扰下降峰;② 区中心在 222 cm^{-1}的尖锐 $E(TO_1)$ 模式;③ 区中心在 266 cm^{-1}的宽 $A_1(TO_1)$ 模式;④ 由于声子模式有可能是重叠的,另一个尖锐单峰$(E+B_1)$$(TO_4, LO_4)$在 290 cm^{-1}处由 $E(TO_4, LO_4)$ 和 $B_1(TO_4, LO_4)$ 合并而成;⑤ 在 529 cm^{-1}处 $E(TO_3)$;⑥ 在 596 cm^{-1}处 $A_1(TO_3)$;⑦在 834 cm^{-1}处两声子重叠的低拉曼强度 $E+A_1(LO_3)$。值得注意的是①和④模式公认为是 KNO 样品的长程有序引起的。室温条件下,即正交相,KN-0.2BNNO 样品有三个新的声子模式出现在低频和高频区。低频区新声子模式处于 107 cm^{-1} 和 170 cm^{-1},而高频区新声子模式是一个肩峰处于低能 $B_1+B_2+A_1(LO_3)$ 边。在已报道的文献中,低频模式是与 A—O 振动有关的,特别是 Ba^{2+}/K^+ 形成的平移声子和纳米簇,类似于单相 $KNbO_3-5\%Bi(Me, Yb)O_3$ 薄膜[9,10]。此外,随着掺杂组分增加,$E+A_1(LO_3)$ 声子模式变宽,这源于 B 位被不同的 Nb^{5+} 和 Ni^{2+} 共同占据导致氧八面体的倾斜而产生新声子模式。声子模式展宽的扩大可归因于晶格常数畸变增加,这一点也可通过 Tauc 绘制的带尾态出现来证实。

图 4.5 和图 4.6 是块体 KN－xBNNO 的变温拉曼光谱。变温范围是 77~793 K,图中的拉曼光谱是收集的光谱特征随温度变化比较明显的实验数据,并标注了对应的温度值,为探索相变温度打下基础。除此之外,详细列出了 $x=0$、0.1、0.2、0.3 和 0.4 组分陶瓷的变温拉曼光谱。随温度的变化,拉曼声子振动特征体现得淋漓尽致。在低温,由于复杂的不对称结构,KNO 和 KN－0.2BNNO 样品弱拉曼峰很难识别。200 cm^{-1}和 830 cm^{-1}处的共振深度是识别 KNO 基材料是否具有铁电性能的一个公认特征。这些特征在高温消失,暗示铁电到顺电相转变的发生。另外一些处于 200~300 cm^{-1}和 500~650 cm^{-1}的声子模式随温度增加逐渐变弱甚至消失或合并,体现晶格结构畸变降低和晶格对称性的提高。600 cm^{-1}处的声子模式随温度的升高有轻微的红移并伴随强度的降低,这归因于晶胞的热膨胀和声子之间的非谐调作用。此作为温度的函数,可以用微扰模型来解释,表达式为 $\omega(T)=\omega_0+$

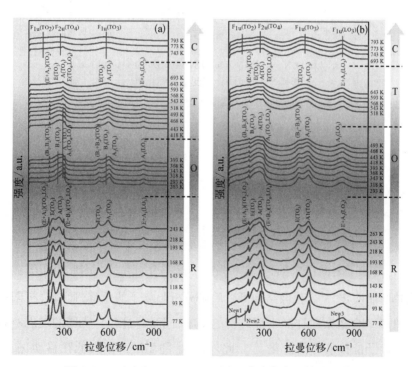

图 4.5　KN(a)和 KN－0.1BNNO(b)陶瓷的变温拉曼光谱

注:为了清楚观察,每条高温光谱沿纵坐标方向做了上移

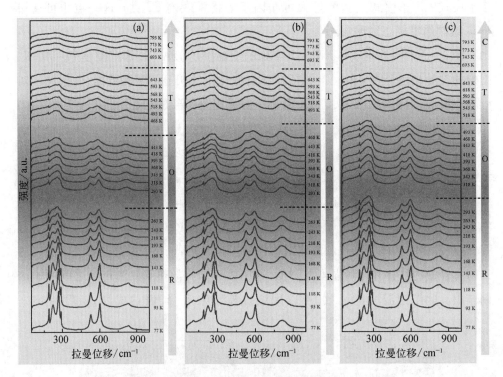

图 4.6　KN－0.2BNNO(a)、KN－0.3BNNO(b)和KN－0.4BNNO(c)陶瓷的变温拉曼光谱

注:为了清楚观察,每条高温光谱沿纵坐标方向做了上移

$\Delta\omega_e(T) + \Delta\omega_d(T)$,其中 $\Delta\omega_e(T) = -\omega_0\gamma\int_0^T[\alpha_a(T) + \alpha_b(T) + \alpha_c(T)]\mathrm{d}T$,$\Delta\omega_d(T) = A[1 + 2/(n_1)] + B[1 + 3/(n-1) + 3/(n-1)^2] + $ 高阶项,$n_1 = e^{h\omega_0/(2K_BT)}$,$n = e^{h\omega_0/(3K_BT)}$ 和 γ 是格林常数。α_a,α_b 和 α_c 是 a、b、c 轴的热膨胀系数。应该指出的是第一个 ω_0 代表了一序拉曼光学声子的谐波频率;第二个 ω_0 与晶格热膨胀有关[11];第三个 ω_0 是声子之间二次项、立方和高阶非谐耦合引起的。因此声子波数的红移主要由热膨胀决定[12]。弛豫结构可以用来分析阳离子的位移,通过分析阳离子位移来评价 BNNO 掺杂对样品本征结构的影响,同时通过各自所属的玻恩有效电荷值乘以阳离子位移来评估极化[13]。此外,声子随温度升高向低频移动、强度变弱和消失现象也暗示了对称性的变化[14-16]。

为帮助解释温度演化和理解声子模式与内部结构变化的关联性,依据 multi-

Lorentzian 振子近似和 Breit‒Wigner‒Fano 对称,把所有的实验光谱分解成一系列的波段。值得注意的是在拉曼光谱拟合之前,根据玻色‒爱因斯坦公式 $col(B)/\{[1/(\exp\{[6.63\times0.3\times col(A)]/1.350\,650\,5\times T\})-1]+1\}$ 去除了温度对拉曼声子模式的影响,其中 $col(A)$ 代表波数(拉曼位移),$col(B)$ 代表相对应拉曼位移的峰强,T 代表测试温度(K)。同时,190 cm^{-1} 处的 Breit‒Wigner‒Fano 线性形状可以用公式 $I_{BWF}(\omega)=I_0(1+s/q_{BWF})^2/(1+s^2)$ 来定义,其中 $s=(\omega-\omega_{BWF})/\Gamma$[17,18]。式中 ω、ω_{BWF}、$1/q_{BWF}$、Γ 和 I_0 分别代表拉曼位移、峰位、不对称因子、半峰宽和 Breit‒Wigner‒Fano 峰的最大强度。对于 190 cm^{-1} 处有限线宽的情况,利用 Breit‒Wigner‒Fano 对称拟合得到拟合谱与实验谱的精准匹配,如图 4.7 插图 a_1 和 b_1 所示。通过 multi‒Lorentzian 振子近似和 Breit‒Wigner‒Fano 对称相结合的拟合方式,图 4.7(a)和(b)描述了典型的温度依赖的声子频率和峰强演化行为。从图 4.7(a)KNO 样品的变温拉曼谱线可以看出,声子模式 B$_1$(TO$_1$)和 A$_1$(TO$_1$)有明显的蓝移,且在温度超过 263 K 时半峰宽有变宽趋势;而从图 4.7(b)KN‒0.2BNNO 样品的变温拉曼谱线来看,B$_1$(TO$_1$)和 A$_1$(TO$_1$)保持声子中心位置,但是除此之外,250 cm^{-1} 处共振深度在 293 K 消失。上述演化归因于晶格的热膨胀和声子与声子之间的非谐振动。然而 KNO 和 KN‒0.2BNNO 样品分别在 418~493 K 和 318~468 K 的声子模式 E(TO$_1$)(约 256 cm^{-1})和 A$_1$(TO$_3$)(约 280 cm^{-1})有反常的红移不能用上述温度效应来解释,这说明在相转变过程中存在弛豫声子模式。也就是说 KNO 和 KN‒0.2BNNO 样品的正交相→四方相多晶相变发生在 418~493 K 和 318~468 K。该多晶相变温度也可从图 4.7 清楚观察到。同样四方相→立方相相界也可清楚区分。此过程中,除了 A$_1$(TO$_1$)声子,其余的所有的声子波数都向低频移动;同时拉曼峰强随温度升高而降低。在低于相变温度范围,约 250 cm^{-1} 和 580 cm^{-1} 处的声子模式有较宽的半峰宽,同时在约 192 cm^{-1}、530 cm^{-1} 和 830 cm^{-1} 处的声子模式变弱。在高于 743 K,上述约 250 cm^{-1} 和 580 cm^{-1} 处的声子模式半峰宽变宽,而弱声子模式变得更弱甚至消失。这些结果与 Fontana 等[13]报道的 KN 声子模式演化规律一致。然而对于 KN‒0.2BNNO 样品来说,在高于相变温度693 K,新声子模式 1、2 和 3 仍然存在。通过四方相→立方相相变,两种样品的约在 587 cm^{-1} 处的声子模式并入约 525 cm^{-1} 处的声子模式。通过上述讨论证实两种样品随温度升高经历了相同的相变顺序,即完全有序三方相→部分无序正交相和四方相→无序立方相。

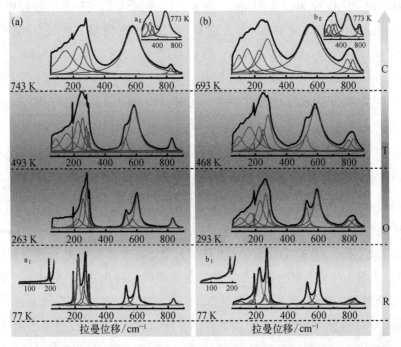

图 4.7 不同温度下 KNO(a)和 KN-0.2BNNO(b)陶瓷的变温拉曼光谱分峰拟合

插图 a_I 和 b_I 是低频 Breit-Wigner-Fano 不对称拟合;a_{II} 和 b_{II} 是 KNO 和 KN-0.2BNNO 陶瓷的高温分峰特征图

为了从连续相变过程获得动力学性质的描述,假定 12 个光学声子模式在立方相转变为 $3F_{1u}+F_{2u}$ 不可约表示。3 个 F_{1u} 随频率移动的增加按顺序被定义为 1,2 和 3。F_{2u} 被定义为 4。这对于了解光学模式的分类以及各相之间区中心声子模式的关联性是极其重要的。随温度变化的声子模式的劈裂和简并归纳为图 4.8[19-24]。

图 4.8 描述了每个相的主要区中心声子模式,温度为 77~793 K。频率移动在三方相→正交相、正交相→四方相和四方相→立方相的相界变化明显。在接近相变温度,KNO 和 KN-0.2BNNO 样品的声子模式有轻微的软化和衰减,其原因正如之前所探索的归因于晶格热膨胀。$B_1(TO_1)$(约 250 cm^{-1})、$A_1(TO_1)$(约 270 cm^{-1})和 $A_1(TO_3)$(约 570 cm^{-1})声子模式的硬化和 $A_1(TO_3)$ 声子模式的低能端声子模式 $B_1(TO_3)$ 突然消失行为可用来定义三方相→正交相相变温度 263 K。这些现象依据转变方程 $(R \rightarrow O)_{splitting}$ 阐述的简并 E 分量的劈裂来解释。该部分可参考表 4.2。当晶胞由于外场(电场、磁场、温度、压力)影响而包含不同对称性的 NbO_6 八面体时,可导致声子模式的劈裂。这种过渡源于畸变沿赝立方 y 轴的发生。因此声子

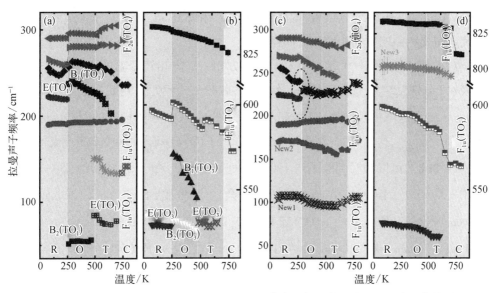

图 4.8　KNO(a)、(b)和 KN‐0.2BNNO(c)、(d)陶瓷的拉曼声子峰强与温度的依赖关系

模式 A$_1$(TO$_1$)的对称拉伸证实其在波数移动和半峰宽都有特殊的变化。值得注意的是 KNO 样品的正交相在约 190 cm^{-1} 处有干扰下降;而对于 KN‐0.2BNNO 样品,声子模式在约 100 cm^{-1}、190 cm^{-1}、220 cm^{-1}、250 cm^{-1} 和 270 cm^{-1} 有突然变化在 $T_{R\to O}\approx 293$ K。其次,通过与 KNO 样品对比,KN‐0.2BNNO 样品的 B$_1$(TO$_1$)和 B$_2$(TO$_1$)声子模式在三方相→正交相相界消失,这归因于新声子模式和B$_2$(TO$_1$)声子模式的竞争。尽管 KNO 样品的拉曼声子模式的频率移动不是那么明显,但是其可以作为准确确认 KN‐0.2BNNO 样品的相变温度的参考。

在正交相,拉曼声子 B$_2$(TO$_1$)的软化和 B$_1$(TO$_3$)及 B$_2$(TO$_3$)的硬化体现了该相的拉曼动力学行为。KNO 样品的正交相→四方相的转变温度是通过上述动力学行为来确定的,其 $T_{O\to T}\approx 493$ K。在正交相→四方相相界,约 280 cm^{-1} 处的声子模式 A$_1$(TO$_1$)@B$_1$(TO$_1$)和约 200 cm^{-1} 处的声子模式(B$_1$,B$_2$)TO$_2$的强度都降低,而低于约 100 cm^{-1} 处的背底峰增加。该现象归因于 B$_1$(TO$_1$)声子模式的负频跳变导致低频处较大的阻尼进而引起 E(TO$_1$)的简并。另一简并模式在约 280 cm^{-1} 和 520 cm^{-1} 处形成。其简并公式参考表 4.2 的(O→T)$_{formation}$。KN‐0.2BNNO 的正交相→四方相的相变温度的判定取决于其他声子模式,如约 290 cm^{-1} 处声子模式的振动组合。除了该声子模式的明显特征,468 K 时,约 230 cm^{-1} 处声子模式也有反常变化。另一个判断相变温度的特征是 A$_1$(TO$_1$)和 E(TO$_1$)明显的频移。此外对于 KNO 和 KN－0.2BNNO 两种样品,约 530 cm^{-1}和 600 cm^{-1}处的声子模式的变化对于确定正交相→四方相相变温度同样重要。

对于 KNO 和 KN－0.2BNNO 样品的四方相→立方相转变温度通过参考表 4.1和表 4.2 分别总结为 $T_{T \to C} \approx 743$ K 及 693 K,此时 $T_{T \to C} \leqslant T_C$。判断方法是在低于约 300 cm^{-1}处背地峰信号增加,其由于 $A_1(TO_1)$ 和 $E(TO_1)$ 声子模式的凝结。通过参考(T→C)$_{transition}$,这一特征来源于 $A_1(TO_1) + E(TO_1) \to F_{1u}$ 的转变。此外,通过图 4.8(a)和(b),可以观察到除了约 190 cm^{-1}处的 $E(TO_1)$ 声子模式和约 830 cm^{-1}处的 $E + A_1(LO_3)$ 声子模式消失以外,剩余的兼并成约 150 cm^{-1}、260 cm^{-1} 和 560 cm^{-1}处的 $F_{1u}(TO_2)$、$F_{2u}(TO_4)$ 和 $F_{1u}(TO_3)$。对于图 4.8(c)和(d),约 150 cm^{-1}、270 cm^{-1}、560 cm^{-1}和 810 cm^{-1}处的 $F_{1u}(TO_2)$、$F_{2u}(TO_4)$、$F_{1u}(TO_3)$ 和 $F_{1u}(LO_3)$ 在 KN－0.2BNNO样品的立方相可观察到。依据对称性选择定则,没有一阶拉曼散射。但是一些宽带声子模式如 KNO 样品在约 280 cm^{-1}处的声子模式和KN－0.2BNNO 样品在约 105 cm^{-1}和约 288 cm^{-1}处的声子模式仍然在立方相可观察到,其源于掺杂引起晶格中心 Nb^{5+}的畸变,该现象通过图 4.7 的插图 a$_{II}$ 和 b$_{II}$ 来证实。本实验同样证实 $A_1(TO_1)$声子模式存在未预期的弛豫现象,弛豫温度高于 $T_{T \to C}$ 约 30 K,该现象归因于其相变处的前驱序和铁电簇的组合[25,26]。因此,实验中观察到 KN－0.2BNNO 的区中心不对称的前驱序过程。同样证实拉曼散射是探测结构相变的重要技术手段。它可以揭示关于超过 $T_{T \to C}$ 是非拉曼活性,低于 $T_{T \to C}$ 是拉曼活性的实验结果和群理论预期的偏差[27]。

4.3.2　弛豫铁电 PZN－PT 单晶的晶格动力学[28]

高温下,弛豫铁电 $Pb(Zn_{1/3}Nb_{2/3})O_3 - 7\%PbTiO_3$(记为 PZN－7%PT)单晶的晶体结构属于 $Pm3m(Z_{prim} = 1)$,其中包含 1∶1 的 $Fm3m(O_h^5, Z_{prim} = 2)$ 的结构团簇[28,29]。理论上,具有 NaCl 化学结构($Fm3m$)的光学声子模式包括 $A_{1g}(R) + E_g(R) + 2F_{2g}(R) + 4F_{1u}(IR) + F_{1g}(S) + F_{2u}(S)$,其中 R、IR、S 代表拉曼声子模式(Raman)、红外声子模式(infrared)和哑模(silent)。另外,在 B 位有序排列的四方相 $I4mm(C_{4v}^9, Z_{prim} = 2)$ 中,其声子模式为 $6A_1(R, IR) + 2B_1(R) + 2B_2(R) + 8E(R,IR) + A_2(S)$,在低温下,三方相 $R3m(C_{3v}^5, Z_{prim} = 2)$ 中的声子模式包括和 $7A_1(R,IR) + 9E(R,IR) + 2A_2(S)$[30]。据报道,在 PZN－8.5%PT 晶体的 $z(xx)z$ 和

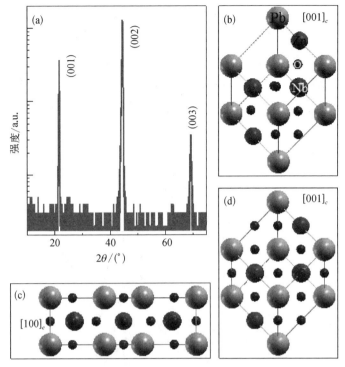

图 4.9 PZN－7%PT 材料晶格结构分析

(a) 常温下弛豫铁电 PZN－7%PT 单晶的高分辨 XRD 谱。需要指出的是纵坐标采用的
是对数坐标。PZN－7%PT 单晶的(b) 三方相、(c) 四方相和(d) 立方相晶体结构

$z(xy)z$ 偏振拉曼光谱中,从 $51\ \mathrm{cm}^{-1}$(F_{2g})和 $777\ \mathrm{cm}^{-1}$(A_{1g})附近的拉曼声子随温度的响应变化中得出该组分样品的相变规律为:随着温度降低,在 450 K 和 350 K 附近发生了顺电立方相、铁电四方相和铁电三方相[31]。此外,Waeselmann 等发现在 PZN－xPT($x=0\sim10\%$)的高温 $z(xy)z$ 偏振拉曼光谱中,$50\ \mathrm{cm}^{-1}$ 附近的双峰现象来源于立方相中的不同对称点的 Pb^{2+} 的振动:一类与 Nb^{5+} 相邻,另一类与 Zn^{2+} 和 Nb^{5+} 相邻。

弛豫铁电〈001〉择优取向的 PZN－7%PT 单晶的变温 VV[起偏器和检偏器的偏振方向都在竖直(vertical)方向]和 VH[起偏器和检偏器的偏振方向分别在竖直(vertical)和水平(horizontal)方向]偏振拉曼光谱如图 4.10 所示。需要说明的是所有测量的不同温度的偏振拉曼光谱除以玻色-爱因斯坦因子数 $n(\omega)+1=1/\{1-\exp[-\hbar\omega/(k_BT)]\}$(其中 $\hbar$ 和 k_B 分别是普朗克常数和玻尔兹曼常数)以扣除琐碎的温度依赖性[32-34]。在 400 K 以下,这些 VV 和 VH 偏振的拉曼光谱除了强度上的不同,表现出类似的图谱形状。当温度高于 500 K 时,一些强度比较弱的峰消失,位于约 50 cm^{-1}、270 cm^{-1}、400~600 cm^{-1} 和 780 cm^{-1} 的四个主要的拉曼峰保留了下来。与 VV 偏振拉曼光谱相比,VH 偏振拉曼光谱中的在 780 cm^{-1} 附近的拉曼峰强度发生了明显的衰减。此外,在 VH 偏振拉曼光谱中,600 cm^{-1} 附近的拉曼峰随着温度的升高逐渐消失。以上现象表明 PZN – 7%PT 单晶的晶体结构在 400 K 和 500 K 附近发生了变化。另外,随着温度的升高,所有的拉曼光谱的强度有了明显的减弱。

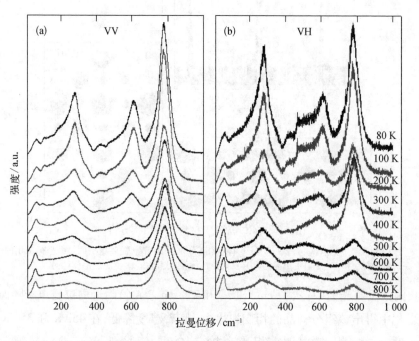

图 4.10　不同温度 VV(a)和 VH(b)PZN – 7%PT 单晶的偏振拉曼光谱

该拉曼光谱在垂直方向进行了不同程度的平移

　　为了精确确定弛豫铁电 PZN – 7%PT 单晶的结构相变温度,采用 Lorentz 色散函数对不同温度不同偏振态的拉曼光谱进行多峰拟合。具有代表性的 80 K、400 K 和 800 K 三个温度点的 VV 和 VH 的偏振拉曼光谱及其拟合结果如图 4.11 所示。由此可见,其实验谱与拟合谱吻合得很好。在拉曼散射灵敏度范围内,50 cm^{-1} 和 780 cm^{-1} 附近拉曼峰的存在揭示了 Pb 基弛豫铁电材料的双钙钛矿晶体结构。这是因为它们只有在双钙钛矿对称结构中才能被观察到。这两个本征拉曼声子模式分别起源于立方相中的三重简并和非简并声子模式。由此可见,7%的 PbTiO$_3$ 掺杂没有改变 PZN 原有的双钙钛矿结构。

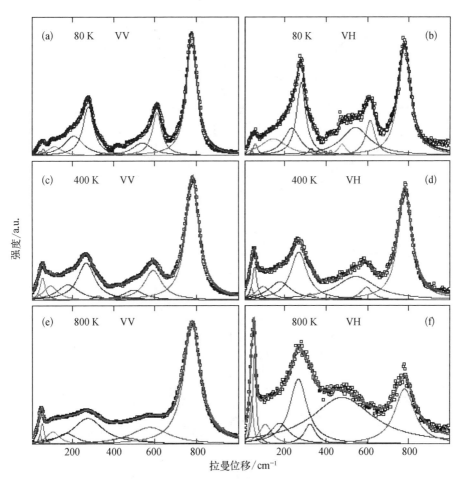

图 4.11　温度为 80 K(a)(b),400 K(c)(d)和 800 K(e)(f)的 VV 和 VH 的
PZN－7%PT 单晶的偏振拉曼光谱的 Lorentz 多峰拟合结果

在 50 cm^{-1} 附近的拉曼峰是两个拉曼声子共同作用的结果。位于低波数（约 40 cm^{-1}）的拉曼声子来源于 Nb^{5+} 近邻的 Pb^{2+} 的振动,该声子反映铁电长程有序性。位于较高波数（约 60 cm^{-1}）的声子来源于 Zn^{2+} 和 Nb^{5+} 近邻的 Pb^{2+}。在 VV 偏振拉曼光谱中的这两个分峰的强度比如图 4.12(a)所示。从该强度比随温度的变化关系可以轻易得出,该 PZN－7%PT 单晶在 360 K 附近经历了三方相→四方相的转变。另外我们还可以确认 510 K 存在一个中间温度（intermediate temperature）。作为补充,60 cm^{-1} 附近的拉曼分峰的展宽随温度的变化趋势表明在 440 K 附近经历了四方相向立方相转变,即居里温度 T_C 约 440 K［图 4.12(b)］。更进一步,该三个温度点被其他声子模式的温度依赖关系确认下来。具体地,在

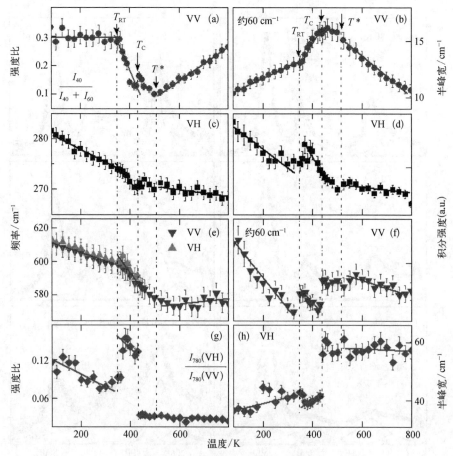

图 4.12　PZN-7%PT 单晶的 VV 和 VH 偏振拉曼声子
模式的强度、峰位和展宽随温度的依赖关系

虚线显示了拉曼声子不同的变化趋势

$270\ \mathrm{cm}^{-1}$ 的拉曼活性声子模式产生于偏心 B 位阳离子的振动。该声子对极化很敏感。随着温度的增加,由于晶胞受热膨胀,在 VH 偏振的拉曼光谱中,该声子向低波数方向移动,如图 4.12(c)所示。相应地,该声子的积分强度的变化趋势在以上三个温度点附近发生了改变[图 4.12(d)]。在同一个晶体结构中,由于晶胞受热膨胀和 B 位原子极化率的降低,该声子的积分强度随着温度的升高而减弱。因此,该声子的积分强度和相应的斜率在高温区域最小[2]。在 $600\ \mathrm{cm}^{-1}$ 附近的拉曼声子模式主要来源于八面体中氧的弯曲振动。在低温区,图 4.12(e)表明在 VV 和 VH 两种偏振拉曼光谱中该声子振动频率随着温度的增加向低波数方向移动。需要说明的是,随着温度的进一步升高,在 VH 偏振拉曼光谱中该声子消失。然而,当温

度高于 510 K 时,在 VV 偏振拉曼光谱中的 600 cm⁻¹ 声子振动频率向高波数方向发
生了一定的移动。值得注意的是,在 VV 偏振拉曼光谱中,600 cm⁻¹ 附近的拉曼声
子的积分强度在相变点附近发生了突变,如图 4.12(g)所示。很显然,位于
780 cm⁻¹ 附近的拉曼模式相对强度很强并且与其他拉曼峰有明显的区分。该声子
能够有效反映 PZN-PT 体系晶体结构的微妙变化。因此该拉曼峰的峰位、积分强
度和展宽有必要进行进一步的研究。如图 4.12(g)所示,在不同的偏振拉曼光谱
中,其强度比 I_{780}(VH)$/I_{780}$(VH)随温度的依赖关系表明该 PZN-7%PT 材料在
360 K 和 440 K 温度点附近发生了三方相→四方相和四方相→立方相的相变过程。
很明显,在高于居里温度区域,与 VV 偏振光谱相比,在 VH 偏振光谱中该声子的积
分强度急剧减弱。该现象与 VH 偏振光谱中位于 600 cm⁻¹ 的声子与温度的响应规
律一致。如图 4.12(h)所示,在 VH 偏振光谱中位于 780 cm⁻¹ 拉曼声子的展宽在高
温区有了明显的提升。该现象表明该体系中有序和无序体积发生了变化。然而,
在变温偏振拉曼光谱中没有足够的证据确定另一个重要温度点——玻恩温度
(Burns temperature,T_d)。

4.3.3　NBNW 的晶格振动研究

晶格振动研究可以用于检测原子或离子的振动,其中的一些振动与材料的极
化性能有关。晶格动力学可以用来探索铁电性能的微观起源和检测结构变化,特
别是阴离子-阳离子键的变化。因此在铁电材料的研究中也广泛使用拉曼光谱和
红外光谱。空间群为 $A2_1am$ 的 Aurivillius 相材料(如 $ABi_2Nb_2O_9$,A = Ca、Sr、Ba)的
拉曼散射和红外反射实验已经被报道过,但因为 Aurivillius 相材料结构复杂,现今
仍不能确定目前检测到空间群为 $A2_1am$ 的所有拉曼和红外活性振子。在前人大量
实验及理论研究的基础上,本书分析钨掺杂及温度对 NBNO 陶瓷晶格的影响。群
理论分析表明该类材料的光学模是 $\Gamma^{opt} = 21A_1(R,IR) + 20A_2(R) + 19B_1(R,IR) + 21B_2(R,IR)$,其中 R 和 IR 分别代表拉曼活性声子和红外活性声子[7]。根据理论
分析知道该类结构材料有 81 个拉曼活性声子和 61 个红外活性声子。

1. 钨掺杂对 NBNO 陶瓷拉曼声子的影响

图 4.13 是 6 个不同 W 组分 NBNW 陶瓷的常温拉曼光谱[11]。图 4.13(a)的彩
色代表拉曼散射的强度,纵坐标为 W 的组分。如图所示,随着 W 组分的增加,拉
曼光谱没有太大的变化,这与 XRD 的实验结果相符,进一步证实了 W 的掺杂并没

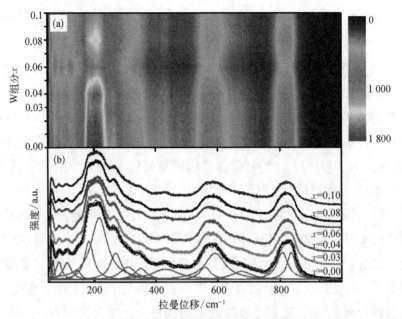

图 4.13　NBNW 陶瓷常温拉曼光谱

有引起其他相的产生。为了进一步探究 W 掺杂对 NBNO 陶瓷晶格振动的影响,通过 Peakfit 软件对每个组分的常温拉曼光谱进行拟合,拟合模型是 multi - Lorentz 振子。图 4.13(b)下面浅灰色的小峰是使用的 Lorentz 振子峰,一共使用 16 个 Lorentz 振子。而其中黑色实线表示 16 个 Lorentz 振子最终拟合谱,圆圈代表 NBNO 的实验谱,可以看出实验谱和拟合谱有很好的吻合性。提取出来的部分拟合数据如图 4.14 所示。

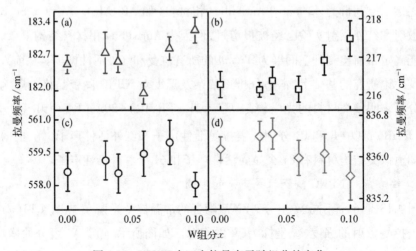

图 4.14　NBNW 中四个拉曼声子随组分的变化

从图 4.14 中可以看到,随着 W 组分的增加,四个主要拉曼散射声子的变化并不明显,大约在 1 cm^{-1}。从图 4.14(b)和(d)中两个拉曼声子随 W 组分的增加的变化可看出,当 $x \leqslant 0.04$ 时图 4.14(b)和(d)中两个声子变化不明显,但当 $x > 0.04$ 时有较明显的变化。分析拉曼声子机制可知,在 180 cm^{-1} 和 215 cm^{-1} 附近的拉曼模式分别与 B 位离子沿着晶轴 a 和 c 的振动相关[8]。在 560 cm^{-1} 附近的拉曼模式主要来自(Bi_2O_2)$^{2+}$ 层中 Bi—O 键的振动,而在 835 cm^{-1} 主要是 Nb—O 平面赤道氧原子的振动引起的[6,9]。因此在 $x \leqslant 0.04$ 时,215 cm^{-1} 和 835 cm^{-1} 附近的拉曼峰明显的变化现象表明 W^{6+} 部分取代 B 位 Nb^{5+},形成 WO$_3$ 八面体,显著地影响了 B 位离子及 B—O 键的振动。在后面的讨论中,将通过常温的红外光谱和椭圆偏振光谱实验,进一步研究和分析 W 掺杂对 NBNO 结构的影响。

2. 温度对 NBNW 拉曼声子的影响

此处用变温拉曼光谱来研究 NBNW 陶瓷的热演化。以 NBNO 和 NBNW6 为例,图 4.15(a)和(b)显示了不同温度下 NBNO 和 NBNW6 陶瓷的拉曼光谱。图中以 77 K 拉曼光谱为例展示拟合情况,灰色小峰表示拟合所用的多个 Lorentz 振子的

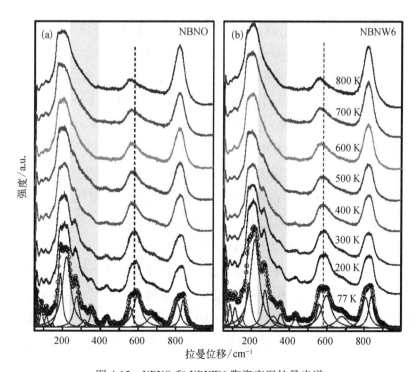

图 4.15　NBNO 和 NBNW6 陶瓷变温拉曼光谱

峰,圆圈表示温度为 77 K 的实验谱,圆圈中实线表示 77 K 的拟合谱。可以明显观察到实验谱和拟合谱的一致性,并且在 $250 \sim 400 \ cm^{-1}$ 的拉曼峰随着温度的升高逐渐变弱,这反映了 NBNW 陶瓷内部结构失真的减少和对称性的提高。在 $590 \ cm^{-1}$ 附近的声子模式(图中竖直虚线附近)随着温度的升高有着较为明显的红移现象,这是因为随着温度升高,发生晶格膨胀以及非谐声子-声子的相互作用。与温度相关的扰动模型的公式见 4.3.1 节。

因此,拉曼声子频率的红移主要是因为晶格热膨胀。而较低频率处拉曼峰随温度的减弱甚至消失可以反映出晶格对称性的改变[35]。

为了研究拉曼声子随温度的变化,所有的实验谱通过多 Lorentz 振子进行拟合。需要强调的是,所有光谱在拟合前都使用玻色-爱因斯坦温度因子进行校正,以消除在不同温度下测量时对散射强度的影响[36]。通过拟合拉曼光谱,一些与温度相关的声子频率被提取出来,如图 4.16 所示。如常温拉曼光谱讨论的,在 $180 \ cm^{-1}$、$215 \ cm^{-1}$、$560 \ cm^{-1}$ 附近的拉曼模式分别与 B 位离子、$(Bi_2O_2)^{2+}$ 层中 Bi—O 键的振动以及 Nb—O 平面赤道氧原子的振动相关,因此主要讨论这四个典型拉曼峰位置随温度的变化。从图 4.16 中可以看出,这四个声子模式随温度升高有很明显的红移现象。如上所述,这是因为晶格的热膨胀和非谐声子-声子的相互作用。然而,NBNO 拉曼峰在 500 K 和 NBNW6 拉曼峰 610 K 附近出现异常变化趋势,这种现象不能仅仅用热膨胀理论解释。拉曼声子模式随温度变化异常的趋势可以认为是相变引起的,因此可以猜测 NBNW 陶瓷样品在 $200 \sim 800$ K 出现了中间相变。从图中可以看出来,NBNO 中间相出现在大概 500 K,NBNW6 大概在 610 K,分析中发现其他组分的样品也发现了类似现象。之前的报道中也用这样的方法判断中间相变的存在,例如,$SrBi_2Ta_2O_9$ 和 Bi_3TiNbO_9 材料在升温过程中拉曼声子的变化趋势也表明在铁电相 $A2_1am$ 和顺电相 $I4/mmm$ 之间存在中间相。因此,可以判定 NBNW 陶瓷在铁电-顺电变换之前出现了中间相。

从图 4.16 中也可以看出,$830 \ cm^{-1}$ 附近的声子模式随温度的变化趋势异常点并不明显,这是因为 Nb—O 平面赤道氧原子的振动对温度不够敏感。此外,中间相的结构变化相对于在约 1 043 K 的铁电-顺电相转变并不明显,所以它很容易在常规的结构分析中被忽略。NBNO 材料的中间相变情况至今并没有被详细报道过,因此使用变温的椭圆偏振光谱对 NBNW 陶瓷的中间相变情况进行进一步的分析是十分必要的。

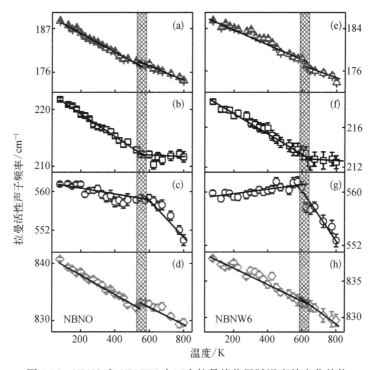

图 4.16　NBNO 和 NBNW6 中四个拉曼峰位置随温度的变化趋势

主要参考文献

［1］Moret M P, Zallen R, Newnham R E, et al. Infrared activity in the Aurivillius layered ferroelectric $SrB_2Ta_2O_9$ [J]. Phys. Rev. B, 1998, 57(10): 5715 − 5723.

［2］Li C Q, Wang F, Sun Y S, et al. Lattice dynamics, phase transition and tunable fundamental bandgap of photovoltaic (K, Ba)(Ni, Nb)$O_{3-\delta}$[J]. Phys. Rev. B, 2018, 97: 094109.

［3］Wang K, Li J F. Analysis of crystallographic evolution in -based lead-free piezoceramics by X-ray diffraction[J]. Appl. Phys. Lett., 2007, 91: 262902.

［4］Zhang B P, Li J F, Wang K, et al. Compositional dependence of piezoelectric properties in $Na_xK_{1-x}NbO_3$ lead-free ceramics prepared by spark plasma sintering[J]. J. Am. Ceram. Soc., 2006, 89: 1605 − 1609.

［5］Klein N, Hollenstein E, Damjanovic D, et al. A study of the phase diagram of (K, Na, Li)NbO_3 determined by dielectric and piezoelectric measurements, and Raman spectroscopy[J]. J. Appl. Phys., 2007, 102: 014112.

［6］Bartasyte A, Kreisel J, Peng W, et al. Temperature-dependent Raman scattering of $KTa_{1-x}Nb_xO_3$ thin films[J]. Appl. Phys. Lett., 2010, 96: 262903.

［7］Luisman L, Feteira A, Reichmann K, et al. Weak-relaxor behaviour in Bi∕Yb-doped $KNbO_3$ ceramics[J]. Appl. Phys. Lett., 2011, 99: 192901.

［8］ Golovina I S, Bryksa V P, Strelchuk V V, et al. Size effects in the temperatures of phase transitions in KNbO$_3$ nanopowder［J］. J. Appl. Phys., 2013, 113: 144103.

［9］ Pascual-Gonzalez C, Schileo G, Feteira A. Band gap narrowing in ferroelectric KNbO$_3$ - Bi(Yb,Me)O$_3$(Me=Fe or Mn) ceramics［J］. Appl. Phys. Lett., 2016, 109: 132902.

［10］ Pascual-Gonzalez C, Schileo G, Murakami S, et al. Continuously controllable optical band gap in orthorhombic ferroelectric KNbO$_3$ - BiFeO$_3$ ceramics ［J］. Appl. Phys. Lett., 2017, 110: 172902.

［11］ Li Q Q, Wang J Y, Li M, et al. Structure evolution mechanism of Na$_{1/2}$Bi$_{1/2}$Nb$_{2-x}$W$_x$O$_{9+\delta}$ ［J］. Phys. Rev. B, 2017, 96: 024101.

［12］ Long C B, Fan H Q, Ren P R. Structure, phase transition behaviors and electrical properties of Nd substituted aurivillius polycrystallines Na$_{1/2}$Nd$_x$Bi$_{2.5-x}$Nb$_2$O$_9$［J］. Inorg Inorg. Chem., 2013, 52: 5045 - 5054.

［13］ Fontana M D, Metrat G, Servoin J L, et al. Infrared spectroscopy in KNbO$_3$ through the successive ferroelectric phase transitions［J］. J. Phys. C, 1984, 17: 483 - 514.

［14］ Zhang J Z, Jiang K, Zhou Z Y, et al. Lattice dynamics, dielectric constants, and phase diagram of bismuth layered ferroelectric Bi$_3$Ti$_{1-x}$W$_x$NbO$_{9+\delta}$ ceramics［J］. J. Am. Ceram. Soc., 2016, 99(11): 3610 - 3615.

［15］ Gupta H C, Luthra V. Lattice vibrations of ABi$_2$Nb$_2$O$_9$ crystals (A = Ca, Sr, Ba)［J］. Vib. Spectrosc., 2011, 56: 235 - 240.

［16］ Gupta H C, Luthra V. A lattice dynamical investigation of the Raman and the infrared wavenumbers of SBT(SrBi$_2$Ta$_2$O$_9$)［J］. J. Mol. Struct., 2010, 984: 204 - 208.

［17］ Hasdeo E H, Nugraha A R T, Dresselhaus M S, et al. Breit-Wigner-Fano line shapes in Raman spectra of graphene［J］. Phys. Rev. B, 2014, 90: 245140.

［18］ Fano U. Effect of configuration interaction on intensities and phase shifts［J］. Phys. Rev., 1961, 124: 1866 - 1878.

［19］ Fontana M D, Dolling G, Kugel G E, et al. Inelastic neutron scattering in tetragonal KNbO$_3$ ［J］. Phys. Rev. B, 1979, 20: 3850.

［20］ Fontana M D, Kugel G E, Metrat G, et al. Long-wavelength phonons in the different phases of KNbO$_3$［J］. Phys. Status Solidi B, 1981, 103(1): 211 - 219.

［21］ Lascombe J, Huong P V, Kielich S. Raman spectroscopy: Linear and nonlinear-proceedings of the eighth international conference on Raman Spectroscopy［J］. J. Raman Spectrosc., 1983, 14: 219.

［22］ Quittet A M, Servoin J L, Gervais F. Correlation of the soft modes in the orthorhombic and cubic phases of KNbO$_3$［J］. J. Phys., France, 1981, 42: 493 - 498.

［23］ Bozinis D G, Hurrell J P. Optical modes and dielectric properties of ferroelectric orthorhombic KNbO$_3$［J］. Phys. Rev. B, 1976, 13: 3109 - 3120.

［24］ Postnikov A V, Neumann T, Borstel G. Phonon properties of KNbO$_3$ and KTaO$_3$ from first-principles calculations［J］. Phys. Rev. B, 1994, 50: 758 - 763.

［25］ Fontana M D, Kugel G E, Vamvakas J, et al. Persistence of tetragonal Raman lines in cubic KNbO$_3$［J］. Solid State Commun., 1983, 45: 873 - 875.

［26］ Li L M, Jiang Y J, Zeng L Z. Temperature dependence of Raman spectra in BaTiO$_3$［J］.

J. Raman Spectrosc., 1996, 27: 503 - 506.

[27] Bruce A D, Taylor W, Murray A F. Precursor order and Raman scattering near displacive phase transitions[J]. J. Phys. C, 1980, 13: 483 - 504.

[28] Zhang J Z, Tong W Y, Zhu J J, et al. Temperature-dependent lattice dynamics and electronic transitions in $0.93Pb(Zn_{1/3}Nb_{2/3})O_3 - 0.07PbTiO_3$ single crystals: Experiment and theory [J]. Phys. Rev. B, 2015, 91(8): 085201.

[29] Svitelskiy O, La-Orauttapong D, Toulouse J, et al. $PbTiO_3$ addition and internal dynamics in $Pb(Zn_{1/3}Nb_{2/3})O_3$ crystal studied by Raman spectroscopy [J]. Phys. Rev. B, 2005, 72: 172106.

[30] Kamba S, Buixaderas E, Petzelt J, et al. Infrared and Raman spectroscopy of $[Pb(Zn_{1/3}Nb_{2/3})O_3]_{0.92} - [PbTiO_3]_{0.08}$ and $[Pb(Mg_{1/3}Nb_{2/3})O_3]_{0.71} - [PbTiO_3]_{0.29}$ single crystals[J]. J. Appl. Phys., 2003, 93: 933 - 939.

[31] Dobal P S, Katiyar R S, Tu C S. Study of ordered nano-regions in $Pb(Zn_{1/3}Nb_{2/3})_{0.915}Ti_{0.085}O_3$ single crystal using Raman spectroscopy[J]. J. Raman Spectrosc., 2003, 34: 152 - 156.

[32] Dubroka A, Humlicek J, Abrashev M V, et al. Raman and infrared studies of $La_{1-y}Sr_yMn_{1-x}M_xO_3$ (M= Cr, Co, Cu, Zn, Sc or Ga): Oxygen disorder and local vibrational modes [J]. Phys. Rev. B, 2006, 73: 224401.

[33] Kiraci A, Yurtseven H. Damping constant calculated as a function of temperature for the tetragonal Raman mode close to the paraelectric-ferroelectric transition in $BaTiO_3$ [J]. Ferroelectrics, 2013, 450: 93 - 98.

[34] Shen M R, Siu G G, Xu Z K, et al. Raman spectroscopy study of ferroelectric modes in [001]-oriented $0.67Pb(Mg_{1/3}Nb_{2/3})O_3 - 0.33PbTiO_3$ single crystals[J]. Appl. Phys. Lett., 2005, 86: 252903.

[35] Cochran W. Crystal stability and the theory of ferroelectricity[J]. Phys. Rev. Lett., 1959, 3(9): 412 - 414.

[36] 刘峰,陆毅青,李永祥.铋层状共生结构铁电体 $Bi_7Ti_4NbO_{21}$ 的第一性原理计算[J].无机材料学报,2014,(1): 38 - 42.

第 **5** 章

相图及电子结构的关系

5.1　光电跃迁与其相变的内在联系

　　此前有研究表明 B 位原子对能带结构的影响很小。相对地,A 位原子对禁带宽度起到更加重要的作用。然而,镁铌酸铅(PMN)、锆钛酸铅(PZT)、钛酸铅(PT)和镁铟酸铅–镁铌酸铅–钛酸铅(PIN – PMN – PT)系统之间存在一定的差距[1-5]。大家广泛认可的是,BO_6 八面体构成了 PIN – PMN – PT 单晶的基础能带结构。B 位原子的 d 轨道直接影响着导带底能带结构。与此同时,O 原子的 2p 轨道决定着晶体的价带顶能带结构。晶格中其他的离子主要决定着高能导带结构,它们对于基础能带吸收边影响非常小[6]。$PbTiO_3$ 有 3 个跃迁能量,分别是 2.8 eV、4 eV 和5 eV。其中,能量较低的 2 个跃迁能量是从 O 的 2p 轨道到 Ti 的 d 轨道的能量跃迁。它与 PZT 的 O 的 2p 轨道到 Ti 的 d 轨道的跃迁能量非常吻合。另一个较高的跃迁能量是从 O 的 2p 轨道和 Pb 的 s 轨道到 Pb 的 p 轨道的跃迁能量。这些跃迁能量都可以和 E_a、E_b 和 E_c 相联系。不仅如此,之前有研究表明 PMN 晶体 O 的 2p轨道和 Pb 的 s 轨道到 Nb 的 d 轨道的跃迁能量与 E_a 以及 E_b 的值非常吻合。同时,O 的 2p 轨道和 Pb 的 s 轨道到 Pb 的 p 轨道的跃迁能量与 E_c 非常吻合。从电子能带密度的角度来看,Pb 的 p 轨道能量比 Nb 的 d 轨道能量要大大约 1 eV。因此,我们有理由推断 E_a 和 E_b 分别对应着 O 的 2p 轨道和 Pb 的 s 轨道到 Ti 的 d 轨道以及Nb 的 d 轨道之间的跃迁能量。另外,对于含 PT 的 ABO_3 型钙钛矿结构弛豫铁电体材料,低 PT 组分的一端往往处于三方相区域。与此同时,高 PT 组分的一端往往处于四方相区域。可以断定的是 O 的 2p 轨道到 Ti 的 d 轨道之间的跃迁能量对于 E_a 的贡献更大一点。这是因为三方相区域中没有 E_a 跃迁能量。类似地,从 O 的 2p 轨道和 Pb 的 s 轨道到 Nb 的 d 轨道的跃迁能量对于 E_b 贡献更大一点。图 5.1(a) 是一张上述带间跃迁能量的示意图。如图 5.1(b) 所示,较大的跃迁能量 E_d 主要来自准同型相界处复杂的多相混合产生的 Ti—O 键杂化以及 Nb—O 键杂化减弱效应。

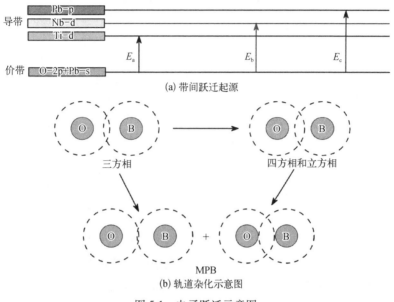

(a) 带间跃迁起源

(b) 轨道杂化示意图

图 5.1 电子跃迁示意图

晶格结构、电子能带跃迁以及相结构在这个工作中被完美地通过光学参数联系起来。这意味着微观机制可以通过无损检测手段得到的宏观现象得以表征。例如,PIN‐PMN‐0.33PT 的电子能带结构演变,当晶格处于立方相区域(455 K 以上)时,从 O 的 2p 轨道和 Pb 的 s 轨道到 Ti 的 d 轨道、Nb 的 d 轨道以及 Pb 的 p 轨道的跃迁是被允许的。随着温度的降低,晶格的键长发生了变化。这种变化会削弱 B—O 键的杂化。因此,所有的电子跃迁能量都会出现正的温度依赖效应直到晶体进入四方相区域。随着温度的进一步降低,晶格的键角开始出现变化。这一现象导致了 E_a 的消失。在这个时候,晶体进入准同型相界区域并且出现多相混合现象。在准同型相界内,各个相组分 B—O 键的杂化程度不是统一的。某些极高的键角会产生极低的 B—O 键杂化。这种现象可以被 E_d 跃迁能量表征出来。因此,E_d 跃迁能量的出现意味着晶体进入准同型相界区域。

5.2　相图

5.2.1　PLZST 陶瓷的相图

根据临界点能量的温度依赖性关系，PLZST 陶瓷的相图如图 5.2 所示。相图主要分为四个部分：FC 位于 PCC 中，图中用平行线表示。AI 位于 FC 与 ACT 之间。FCR 与 ACT 相邻。如图所示，室温下随着 La 组分的增加，PLZST 陶瓷发生了 FCR 到 ACT 的相变。进一步增加 La 的组分到 2.6%，ACT 相变为 AI。这表明偶极子间的长程有序铁电耦合随着 La 的掺杂被阻碍，短程有序反铁电耦合呈现主导作用。这与之前通过 XRD 与光谱反射实验得到的结果

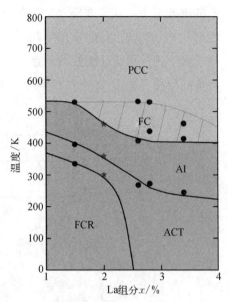

图 5.2　PLZST 陶瓷的相图
相变温度用实心圆点标识

一致。研究表明，当 La 的组分增加到 2.6% 时，PLZST 陶瓷经历从 FCR 到 ACT 的相变。当 La 的组分增加到 2.8% 时，PLZST 陶瓷中存在 FCR 与 ACT 的混相，其中 FCR 占主导作用。继续增加 La 的组分为 3.4% 时，在室温下 PLZST 陶瓷为纯 ACT。因此，随着 La 组分的增加，PLZST 陶瓷的反铁电相变得稳定。

另外，PLZST 随着温度的变化也发生相变。对于 PLZST($x = 1.5\%$)，当温度从 200 K 升高到 340 K 时，样品发生了 FCR 到 ACT 的相变。进一步升高温度，样品先由 ACT 变为 AI，再相变为 PCC。同时，当 La 的组分增加到 3.4% 时，室温下出现 ACT，且发生 ACT→AI→FC→PCC 的连续相变。另外，随着 La 组分的增加，AI 的区域变宽并向低温区域移动。研究表明，铁电与反铁电之间的竞争关系会诱导 AI。前面提到，母体材料 Pb($Zr_{0.42}Sn_{0.40}Ti_{0.18}$)$O_3$ 位于准同型界界（MPB）附近，该相界恰好划分 ACT 与 FCR。因此，La 的掺杂将轻易引起铁电相与反铁电相间的竞争关系。AI 起源于不同相结构的竞争相互作用。此外，当 La^{3+} 取代 Pb^{2+} 时，La 将作为杂质钉扎在无公度畴壁上而形成亚稳态结构。因此，无公度区域中临界点能量的温度独立性可以解释为由无公度畴壁的钉扎效应引起。注意，相图中的相界不是严格划分的。这是由于在相对较宽的温度范围内存在多相共存。

5.2.2　PMN‐PT 单晶的相图

为了得到一个对禁带宽度特性的直观理解,作图 5.3 所示的三维立体图。有趣的是,图片在平面上的色彩分布与之前报道过的 PMN‐PT 相图非常接近。详细来看,区域 C 对应着图 3.15(b)中的高温准平行区域以及 PMN‐PT 相图中的立方相区域。区域 R 对应着图 3.15(a)中的低温以及低组分区域,同时也对应着 PMN‐PT 相图中的三方相区域。区域 T 对应着相互交错的区域以及 PMN‐PT 相图中的四方相结构。区域 Mc 对应着低温下准同型相界附近不正常的温度依赖现象。这一区域对应着图 3.15(c)中低温下的准平行区域以及 PMN‐PT 相图中的单斜相区域。

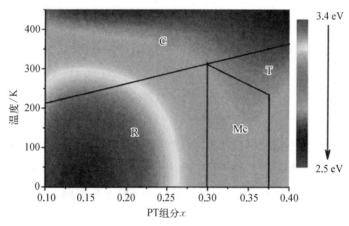

图 5.3　基于禁带宽度得到的 PMN‐PT 单晶相图

其中颜色的深浅表征了禁带宽度

图 5.3 是一个通过变温透射实验得到的禁带宽度为依据的相图。有趣的是,它揭示了光学禁带与相变之间最本质的联系。从相图上可以观察到两种主要的相变。一种是高温区域的四方相→立方相相变以及三方相→立方相相变。另外一种是低温区域的三方相→单斜相→四方相相变。从相图中看,各个组分的单晶禁带宽度都随着温度的升高而降低。对于这种现象一般有两个解释:晶格的热膨胀以及电子-声子相互作用引起的能带结构重组。然而,在图中可以看到两个例外的组分禁带宽度表现出正的温度依赖关系。PMN‐0.30PT 的禁带宽度在 300 K 以前随着温度升高而不断增加。另一个正的禁带宽度依赖关系出现在 PMN‐0.39PT 单晶处。从此前的报道中可以推测,此类材料的 B—O 键杂化越弱,对应的禁带宽度

能量越强。对于 ABO_3 型钙钛矿结构材料的晶体结构，化学上的无序将会导致氧八面体结构出现 B—O 杂化，从而导致的很强的位移性无序。因此，大家都认可 BO_6 氧八面体结构组成了这一类晶体的基础能级。作为八面体结构主体的 B 位阳离子的 d 轨道控制着导带底部结构。阳离子的 2p 轨道决定着价带顶部结构。其他的离子主要贡献于更高的导带结构，并且对于基础能带吸收贡献非常小。因此，当 B—O 杂化更加强烈时禁带宽度的能量就会减弱。在大多数的区域中，随着温度的升高大多组分的材料禁带宽度都是减小的。

PMN-0.30PT 铁电单晶的异常温度依赖关系在之前就已经被报道过了。在这一区域中，出现了过渡相并且晶体中存在三方相与单斜相的混合。单斜相可以被认为是准同型相界附近的中间相。这一区域往往对应着较低的 PT 组分。当 PT 组分接近 0.39 时，中间相还没有完全转化为四方相。因此，此处会出现四方相与单斜相的混合。这一现象往往出现在 $Pb(Mg_{1/3}Nb_{2/3})O_3$-$PbTiO_3$ 组分较高的区域。另外，PMN-PT 单晶中 PT 组分较高的区域往往具有相对较弱的热稳定性。这是由应力松弛效应导致的。这种效应在锌铌酸铅-钛酸铅 $[Pb(Zn_{1/3}Nb_{2/3})O_3$-$PbTiO_3]$ 晶体的低 PT 组分准同型相界附近也被发现过。然而，PMN-PT 单晶在高 PT 组分区域具有相对较高的温度稳定性。从实验中可以观测到，相比于其他相区域，纯的单斜相区域在相同温度下具有相对较低的禁带宽度。随着 PT 组分的增加，四方相对晶体的影响越来越明显。高 PT 组分区域禁带宽度随温度升高而升高的现象可以归结于四方相的比例相对于单斜相比例不断增加。这将会导致整个禁带宽度的增加。

通常来说，铁电性质是由原子的中心位置偏移导致的。这种中心位置偏移来源于晶体内部的长程库仑力和短程库仑力之间的介电平衡。自发极化方向和每一个相中的势能与晶体对称结构密切相关。因此，铁电材料的相变总是伴随着极化过程的发生。当极化程度达到一个阈值时，极化反转发生了。例如，外加的电场、压力、热量或者 PT 组分的掺杂都会导致畴结构以及介电常数的改变。透射光谱实验非常适合来观察 PMN-PT 单晶内部极化特性的变化。众所周知，当光吸收发生时光子能量与晶体中其他粒子之间发生能量交换。当光的频率与极化时间的倒数达到相同量级时，光的吸收率达到一个新的高度。因此，透射光谱展示的是 PT 组分和温度变化导致的 PMN-PT 单晶内部极化特性变化相对应的响应。当 PMN-PT 单晶中发生极化过程时，相变过程的发生总是伴随着一个梯度的光学表征或者一个跳变的光学表征。通过极化特性表征来研究相结构是被广泛认可的方法。本书使用一个经验公式来研究相结构。禁带宽度的局部特性可以从根本上对应着发生电荷极化后不同的相结构表现出来的差异。

5.2.3　PIN‐PMN‐PT 单晶的相图

图 5.4 是一张 PIN‐PMN‐PT 单晶的相图。通过多项式拟合,相图的边界线被勾勒出来。之前研究中得到的数据被用星形以及矩形标注在相图中作为对比[7]。从图中可以看到,三方相处于较低的 PT 组分处,同时四方相处于较高的 PT 组分处。相变过程往往被联系上中间相以及混合相结构。单斜相是三方相和四方相的中间相。单斜相在一些报道中也被认为是结构存在破损的正交相,因此有时候单斜相也被认为是准正交相结构[8]。相变过程的展宽常常是由于结构的紊乱以及固溶体中的组分波动现象[9]。对于 ABO$_3$ 型钙钛矿结构弛豫铁电体材料,三方相区域的光学能带之间的跃迁能量往往比四方相区域以及立方相区域的跃迁能量要大。这与之前的结论相一致:更低的 B—O 键杂化更容易出现在三方相区域。从图 5.4 中可以看出,PIN 组分直接决定了准同型相界的位置以及 PIN‐PMN‐PT 单晶的相变温度[10]。当 PIN 组分增加时,准同型相界区域更加靠近高 PT 组分区域。值得一提的是,准同型相界区域存在复杂的多相混合以及大量的结构无序,同时也是一个结构非常不稳定的区域。钙钛矿结构的结构不稳定常常被理解为晶体中离子的尺寸效应,尤其依赖于公差系数[11]。In 原子相对于 Ti 原子和 Nb 原子来

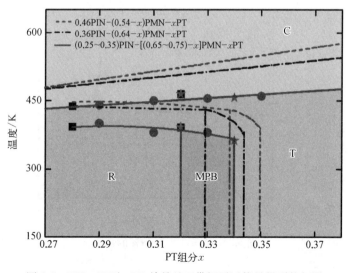

图 5.4　PIN‐PMN‐PT 单晶基于带间跃迁能量得到的相图

说是一种大尺寸的原子。它的掺入必定会导致晶格稳定性的降低。这导致准同型相界区域随着 PIN 组分发生偏移。因此,通过相图可以直接地看到光学常数与相变之间的联系。

5.2.4　KN-xBNNO 陶瓷的相图

　　结合第 4 章对该材料变温 XRD 数据和拉曼数据的详细分析,可较准确归纳出各种组分的 KN-xBNNO 相图。观察图 5.5,正交相→四方相和四方相→立方相相变温度随掺杂组分呈单调变化,不同组分的相变温度从 $x=0.2$ 开始有一个缓慢的增加趋势。为解释上述现象,用 KNO 样品 P 值≈0.43 cm^{-1}和 KN-0.3BNNO 样品 P 值≈0.2 cm^{-1}进行 DFT 理论计算,表明 BNNO 组分不仅降低极化还降低铁电→铁电和铁电→顺电的转变温度。DFT 理论的 Nb 位移分布和振动结果与介电及拉曼数据一致。对于 KNO 样品,T_C处的拉曼位移的突然跳变用来指认四方相→立方相相变温度演化;KN-xBNNO 样品演化温度逐级降低到一个常数。另外,拉曼测量手段对于材料结构振动极为敏感,此处局域环境展示增强的 0 K 位移,KN-xBNNO

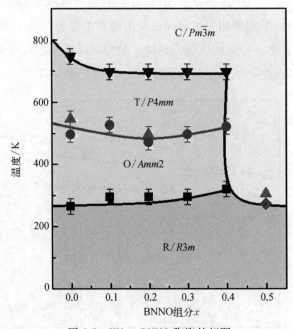

图 5.5　KN-xBNNO 陶瓷的相图

相变温度通过一些标志来代表,正方形代表 R→O,实心圆代表 O→T,向下的三角形代表
T→C,正三角形代表总结变温 XRD 数据所得温度点,菱方来源于参考文献[12]

样品还有可能保持持续高温,而不同于 KNO 样品。因此考虑两种样品的声子的变温反常性和变温中心峰移来判断铁电→顺电相变分别发生在 $T_{KNO} \approx 743$ K 和 $T_{KN-xBNNO} \approx 693$ K 是合理的。而通过两种样品的变温 XRD 和变温拉曼光谱得到的正交相→四方相的相变温度并不一致。这可能源于不稳定的相结构和 25 K 实验温度的升降。基于上述探究,该材料细节的相图可全面呈现。

5.2.5　NBNW 的相图

根据上述实验和理论分析,可以认定 NBNW 陶瓷存在中间相变。综合早期的研究结果,完成 NBNW 随温度及 W 组分变化的相图,如图 5.6 所示。其中高于 1 000 K 居里温度的数据来自文献[13]。中间相转变的存在与结构相变的 Landau 理论一致,相变涉及 BO_6 八面体的旋转和离子沿 a 轴的偏移[2]。在偏振的现代理论中,中间相很重要。实际的结构转变更为复杂,假定原子平滑地从正向结构通过中间相到负向结构,因此很难解释从铁电相的斜方相变到顺电四方相而没有中间相。因此,拉曼声子和临界点随温度的异常变化认为是铁电-顺电相转化之间的中间相引起的是十分合理的。从图 5.6 中可以看出,从变温的拉曼和椭圆偏振光谱中得到的中间相的位置有所差异,这是因为测试温度的步长是 25 K,所以可以认为中间相位置有 50 K 的误差。结合变温拉曼和椭圆偏振光谱分析结果,中间相的温

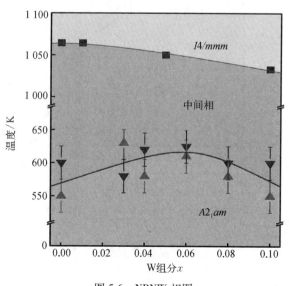

图 5.6　NBNW 相图

■ 代表居里温度;▲ 代表拟合拉曼光谱得到的中间相位置;▼ 代表拟合椭圆偏振光谱得到的中间相位置

度点分别是：NBNO 约 560 K、NBNW3 约 600 K、NBNW4 约 600 K、NBNW6 约 620 K、NBNW8 约 600 K 和 NBNW10 约 560 K。如上所述，铁电体材料的相变与偏振相关，因此对中间相的研究有助于实现未来高温器件的应用。

5.2.6　NBNBT 的相图

综合第 3 和第 4 章中变温拉曼和椭圆偏振光谱分析，得到 BaTiO$_3$ 掺杂 NBNO（记为 NBNBTx）陶瓷的相图，如图 5.7 所示。图中综合了拉曼和椭圆偏振光谱的拟合结果，因为测试过程中温度的步长是 25 K，所以图中加上了 ±25 K 的误差线。从图中可以看出，NBNBT 陶瓷的中间相变温度都在 500 ~ 600 K，与 NBNW 陶瓷的中间相接近，这也再一次说明 NBNO 陶瓷存在中间相变。结合变温拉曼和椭圆偏振光谱分析结果，我们发现中间相位的温度点分别是：NBNO 约 560 K、NBNBT3 约 520 K、NBNBT6 约 525 K、NBNBT8 约 530 K。

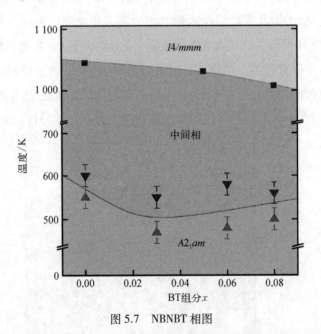

图 5.7　NBNBT 相图

■ 代表居里温度；▲ 代表拟合拉曼光谱得到的中间相位置；▼ 代表拟合椭圆偏振光谱得到的中间相位置

主要参考文献

[1] Suewattana M, Singh D J. Electronic structure and lattice distortions in PbMg$_{1/3}$Nb$_{2/3}$O$_3$ studied with density functional theory using the linearized augmented plane-wave method [J].

Phys. Rev. B, 2006, 73: 224105.

[2] Lee H, Kang Y S, Cho S J, et al. Dielectric functions and electronic band structure of lead zirconate titanate thin films[J]. J. Appl. Phys., 2005, 98: 094108.

[3] King-Smith R D, Vanderbilt D. First-principles investigation of ferroelectricity in perovskite compounds[J]. Phys. Rev. B, 1994, 49: 5828 – 5844.

[4] Zhang Z, Wu P, Ong K P, et al. Electronic properties of A-site substituted lead zirconate titanate: Density functional calculations[J]. Phys. Rev. B, 2007, 76: 125102.

[5] Kresse G, Furthmuller J. Efficient iterative schemes for ab initio total-energy calculations using a planewave basis set[J]. Phys. Rev. B, 1996, 54: 011169.

[6] Zhang X L, Hu Z G, Xu G S, et al. Optical bandgap and phase transition in relaxor ferroelectric $Pb(Mg_{1/3}Nb_{2/3})O_3 - xPbTiO_3$ single crystals: An inherent relationship [J]. Appl. Phys. Lett., 2013, 103: 051902.

[7] Xu G S, Chen K, Yang D F, et al. Growth and electrical properties of large size $Pb(In_{1/2}Nb_{1/2})O_3 - Pb(Mg_{1/3}Nb_{2/3})O_3 - PbTiO_3$ crystals prepared by the vertical Bridgman technique[J]. Appl. Phys. Lett., 2007, 90: 032901.

[8] Noheda B. Structure and high-piezoelectricity in lead oxide solid solutions[J]. Curr. Opin. Solid State Mater. Sci., 2002, (6): 27 – 34.

[9] Fang T T, Chung H Y. Dielectric relaxation behavior of undoped, Ce-, and Cr-doped $Sr_{0.5}Ba_{0.5}Nb_2O_6$ at high temperatures[J]. Appl. Phys. Lett., 2009, 94: 092905.

[10] Wang D W, Cao M S, Zhang S J. Phase diagram and properties of $Pb(In_{1/2}Nb_{1/2})O_3 - Pb(Mg_{1/3}Nb_{2/3})O_3 - PbTiO_3$ polycrystalline ceramics [J]. J. Eur. Ceram. Soc., 2012, 32: 433 – 349.

[11] Zhong W, Vanderbilt D. Competing structural instabilities in cubic perovskites[J]. Phys. Rev. Lett., 1995, 74: 2587 – 2590.

[12] Song B Q, Wang X J, Xin C, et al. Multiferroic properties of Ba/Ni co-doped $KNbO_3$ with narrow band-gap[J]. J. Alloys Compd., 2017, 703: 67 – 72.

[13] Zhou Z Y, Li Y C, Hui S P, et al. Effect of tungsten doping in bismuth-layered $Na_{0.5}Bi_{2.5}Nb_2O_9$ high temperature piezoceramics [J]. Appl. Phys. Lett., 2014, 104 (1): 012904.

结　论

　　基于国际上铁电氧化物光电跃迁规律报道的空白,本书创新地提出采用变温透射/反射光谱、椭圆偏振光谱和拉曼光谱等凝聚态光谱技术来研究铁电氧化物材料体系的相变动力学过程。采用该方法另辟蹊径,不仅可以通过电子跃迁很好地阐述铁电单晶及陶瓷体系在相变中的演化以及不同相结构间的变化,而且可以联系电子能带结构来解释上述现象的物理起源。本书发现 PMN－PT、PIN－PMN－PT、PZN－PT 以及 NBT 等钙钛矿结构铁电单晶带间跃迁呈现不同的温度依赖性,特别是组分在准同型相界的光学禁带具有正温度系数。这种正温度系数只在准同型相界的不稳定多相区域出现。而由晶格的热膨胀和电子-声子相互作用引起的负温度系数仅存在于三方相和四方相等单相区域。首次提出了电子能带结构与温度依赖的经验模型,解释了铁电单晶在多相共存的准同型相界所发现的负温度系数和正温度系数现象。该模型揭示了这种反常的正温度系数可能存在于所有铁电体中多相不稳定的准同型相界区域。同时总结了钙钛矿结构铁电陶瓷晶格振动弛豫与带间跃迁随温度和组分的变化规律,建立了它们的铁电-顺电相变温度和二级相变结构对组分/有序度的依赖关系。进一步发展了通过拉曼光谱来揭示铁电材料体系中精细结构相变及相共存的有效技术。另外,采用变温椭圆偏振光谱观察到其高能临界点跃迁在相变点的畸变,通过分析其电子能带结构的变化能够很好地解释上述物理现象,并基于光电跃迁变化首次完整地描述了它们的相图,这从实验上证实凝聚态光谱学研究铁电材料相变的可行性。

展　望

虽然本书的工作取得了一些成果,但仍有不完善的地方,有些问题需要在今后的工作中进一步改进与研究。

(1) 本书分析陶瓷的椭圆偏振光谱数据时采用 SCP 模型,材料的光学性质可以用多种色散模型进行分析,如 Lorentz 模型、Adachi 模型、Tauc - Lorentz 模型等。应结合多种色散模型,研究不同模型得到的钙钛矿铁电材料光学响应的差异和共同点,形成系统完善的理论。

(2) 关于 PZT 陶瓷,分析了室温以下的晶格振动和相变信息,对于高温条件下的光学性质还未分析(包含高温区域的晶格振动以及变温、宽光谱区域的椭圆偏振测试),以更全面地探索光电跃迁、相变及温度之间的关系,并发现它们的耦合规律。

(3) 本书系统地研究了弛豫铁电单晶材料的晶格结构与相结构之间的联系;同时厘清了晶格结构随着温度以及组分变化而改变的过程,明确了微观结构变化与晶格宏观结构变化之间的联系。通过本书的研究成果,可以准确有效地理解铁电材料的电子结构。之后这一块的研究工作集中在两个方面:一是结合理论计算,定量地得到电子结构的有关信息;二是利用本书得到的弛豫铁电体的电学以及光学性质制作光电器件。

索 引